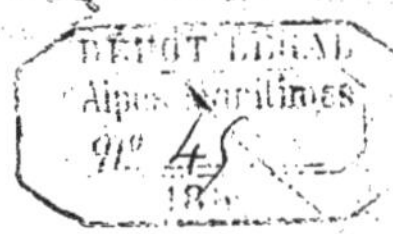

CH. RAYNERI

LE CRÉDIT AGRICOLE

PAR L'ASSOCIATION COOPÉRATIVE

MANUEL

A L'USAGE DES PROMOTEURS ET ADMINISTRATEURS D'ASSOCIATIONS
DE CRÉDIT AGRICOLE

PRIX : 1 Fr. 50

Vendu au profit du Centre Fédératif du Crédit Populaire en France

(DEUXIÈME ÉDITION)

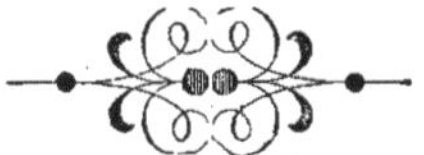

PARIS
LIBRAIRIE GUILLAUMIN ET Cie
Éditeurs de la Collection des principaux Économistes, du Journal des Économistes
du Dictionnaire de l'Économie politique
du Dictionnaire Universel du Commerce et de la Navigation.
RUE RICHELIEU, 14
1896

LE CRÉDIT AGRICOLE

PAR L'ASSOCIATION COOPÉRATIVE

MANUEL

DES ASSOCIATIONS DE CRÉDIT AGRICOLE

DU MÊME AUTEUR :

LES BANQUES POPULAIRES. Conférence faite à Nice pour la fondation de la Banque populaire de Nice (1890).

NOTICE SUR LA BANQUE POPULAIRE DE MENTON (1891).

NOTICE SUR L'ORIGINE DE LA BANQUE POPULAIRE DE NICE (1892).

LE DRAINAGE DE L'ÉPARGNE ET LES BANQUES POPULAIRES. Conférence au Ve Congrès du crédit populaire (Toulouse 1893).

LE CRÉDIT AGRICOLE PAR L'ASSOCIATION COOPÉRATIVE. Manuel à l'usage des fondateurs et des administrateurs de sociétés de crédit agricole. 1re édition 1894. — 2e édition 1896.

LES CAISSES AGRICOLES A SOLIDARITÉ. Conférence donnée à Cagnes (1894).

LE CRÉDIT AGRICOLE PRATIQUE. Conférence au VIe Congrès du crédit populaire. (Bordeaux 1894).

LES BANQUES POPULAIRES, LEUR ROLE ET LEUR UTILITÉ. Conférence donnée à Toulouse pour la fondation de la Banque Toulousaine de crédit populaire (1894).

LES BANQUES POPULAIRES ET LEUR ROLE TANT AU PROFIT DU COMMERCE ET DE L'AGRICULTURE, QUE COMME INSTRUMENTS DE DÉCENTRALISATION ÉCONOMIQUE. Conférence à Antibes pour la fondation de la Banque populaire et agricole d'Antibes (1895).

BULLETIN DU CRÉDIT POPULAIRE (1893-1894-1895). Publication mensuelle, en collaboration avec M. Benoît-Lévy, et à partir de 1896, sous sa seule direction.

COMPTES-RENDUS IN EXTENSO DES CONGRÈS DE MENTON, TOULOUSE, BORDEAUX, NIMES ET CAEN, mis en ordre et revus en collaboration avec M. Eugène Rostand.

MANUEL DES BANQUES POPULAIRES, Paris, Guillaumin et Cie 1896. Prix 5 francs.

MODES DIVERS DE RÉALISATION DU CRÉDIT AGRICOLE PAR L'INITIATIVE PRIVÉE. Conférence donnée à Caen à l'occasion du VIIIe Congrès du crédit populaire et agricole (mai 1896).

CH. RAYNERI

LE CRÉDIT AGRICOLE

PAR L'ASSOCIATION COOPÉRATIVE

MANUEL

A L'USAGE DES PROMOTEURS ET ADMINISTRATEURS D'ASSOCIATIONS DE CRÉDIT AGRICOLE

PRIX : 1 Fr. 50

Vendu au profit du Centre Fédératif du Crédit Populaire en France

(DEUXIÈME ÉDITION)

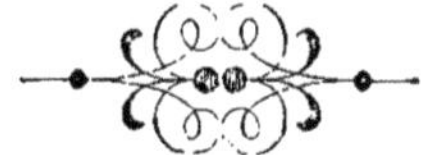

PARIS
LIBRAIRIE GUILLAUMIN ET Cie
Éditeurs de la Collection des principaux Économistes, du Journal des Économistes
du Dictionnaire de l'Économie politique
du Dictionnaire Universel du Commerce et de la Navigation.
RUE RICHELIEU, 14

1896

4

MENTON — TYPOGRAPHIE-LITHOGRAPHIE COOPÉRATIVE MENTONNAISE
RUES PRATO ET ARLOINO

A

MON EXCELLENT AMI ET MAITRE

M. EUGÈNE ROSTAND

HOMMAGE RESPECTUEUX

ET

SOUVENIR DE NOS EFFORTS

POUR L'ACCLIMATATION EN FRANCE

DU

CRÉDIT POPULAIRE ET AGRICOLE

6

AVANT-PROPOS

J'offre ce recueil de documents à MM. les Maires, Curés et Instituteurs des communes rurales de France et à tous les gens de bien qui ont à cœur l'avenir de notre agriculture.

Je me suis décidé à entreprendre cette publication :

a) Pour répondre aux nombreuses demandes de renseignements qui me parviennent chaque jour sur les caisses agricoles coopératives à responsabilité illimitée, institutions qui peuvent contribuer efficacement à l'organisation du crédit agricole ;

b) Pour contribuer à activer leur diffusion, qui fera pénétrer dans les campagnes françaises un crédit pratiquement compris, à bon marché, et aidera en même temps à mettre un frein au drainage des petites épargnes attirées sans cesse vers les grands centres au plus grand détriment de l'activité économique locale ;

c) Pour signaler quels devraient être les principaux propagateurs de la coopération de crédit rural ;

(d) Pour répondre par des exemples à ceux qui prétendent que nos mœurs sont réfractaires au principe de la responsabilité illimitée.

Encourager la formation de l'épargne, l'endiguer, lui offrir un placement d'une sécurité incontestable, placer avec discernement cette épargne à la portée de l'agriculture, unir par la coopération des éléments quelquefois divisés, tel nous paraît être le but à poursuivre.

Le véritable crédit agricole doit sortir du libre effort individuel. Maires, curés et instituteurs devraient s'en faire les initiateurs et appeler autour d'eux tous les hommes de bonne volonté que préoccupe l'amélioration du sort de nos agriculteurs.

Qu'ils entrent dans cette voie, qu'ils éveillent l'initiative locale, qu'ils se fassent les promoteurs de caisses agricoles dans leurs communes. Ils contribueront à la solution de ce difficile problème de l'organisation du crédit agricole, et rendront un signalé service à l'agriculture et au pays.

Charles Rayneri.

PRÉFACE

A LA DEUXIÈME ÉDITION

Au moment de rééditer ce Manuel, en présence des expériences déjà faites et des tendances actuelles du monde agricole, en l'état de la doctrine constante du Centre Fédératif sur la variété des formes d'associations de crédit et leur adaptation locale, j'ai considéré comme préférable de présenter aux promoteurs locaux d'associations de crédit rural plusieurs types, pour les mettre à même de choisir celui qui leur paraîtrait offrir dans leurs milieux respectifs le plus de chances de succès et répondre le mieux aux tendances, aux besoins et aux habitudes de chaque localité.

On trouvera donc dans cette deuxième édition, après les statuts des caisses agricoles à solidarité, des statuts d'autres formes de sociétés de crédit rural.

Au Centre Fédératif, nous ne sommes pas les tenants d'une seule école, et nous n'avons jamais cru, ni laissé croire qu'il n'y a qu'un seul mode permettant de mettre le crédit à la portée de l'agriculture. Nos congrès se sont, dès la première heure, et avec une fermeté que rien n'a troublée, prononcés dans le sens de la libre diversité des formes et de leur accommodation exacte aux conditions locales.

En outre, l'étude de l'étranger nous a démontré que le crédit agricole y est réalisé par des associations variées intelligemment appropriées aux exigences et aux tendances locales.

La loi du 5 novembre 1894 a créé un type nouveau de sociétés de crédit agricole par les syndicats et au profit des syndiqués.

De même que nous avons été les premiers à en signaler les points défectueux, alors qu'il en était temps, et afin d'en obtenir la rectification, nous avons été également les premiers à reconnaître que, malgré ses défauts (quelle loi en est exempte ?), on pourrait s'en servir, car elle facilite la constitution de sociétés à responsabilité plus ou moins étendue, même à solidarité.

Certains syndicats agricoles ont déjà commencé, et plusieurs d'entre eux m'ont fait l'honneur, dans la rédaction des statuts ou du règlement d'administration, de même que dans l'organisation de la comptabilité, de consulter la première édition du Manuel. C'était une raison de plus pour le compléter de façon à donner satisfaction à ceux des syndicats qui voudraient créer des caisses agricoles d'après la loi précitée.

Sur la demande de M. Le Trésor de la Rocque, l'éminent et respecté président de l'Union des syndicats des agriculteurs de France, partisan comme nous de la variété des formes, nous avions déjà rédigé des modèles de statuts de sociétés de crédit agricole de types divers, qui avaient reçu l'approbation du Comité légal de cette puissante Union si sagement dirigée.

Les modèles de statuts avaient été adressés par l'Union à tous les syndicats adhérents.

Par circulaire du 28 mars 1895, M. le Trésor de la Rocque leur signalait l'œuvre de nos congrès, les engageait à les suivre, et leur citait en exemple les institutions des Alpes-Maritimes.

En remerciant le président de l'Union des syndicats des agriculteurs de France, je saisis cette occasion pour offrir aux Syndicats agricoles notre concours le plus dévoué, en vue de travailler de concert avec eux à la diffusion du crédit agricole.

Écartant rigoureusement de notre programme toute arrière-pensée politique ou confessionnelle, nous tenons à ce que notre œuvre soit, en même temps qu'un instrument de progrès économique, un moyen d'union et de progrès social.

Lorsqu'il s'est agi d'introduire en France la forme la plus délicate de la coopération, celle qui a pour assise la solidarité indéfinie, nous avons de suite pensé que ce fécond principe de la solidarité devait être en même temps appliqué à servir la cause des rapprochements locaux et de la pacification des esprits.

C'est alors que j'ai présenté cette formule, appelée depuis *la trinité rurale*, qui se résume dans l'entente initiale de trois éléments quelquefois divergeant de vues, se méfiant l'un de l'autre plutôt par prévention que par conviction, *le Maire, le Curé, l'Instituteur*. Ce rapprochement donne dans la commune l'exemple touchant de l'union dans une pensée supérieure, l'amélioration matérielle et morale du sort des humbles.

Telle est l'œuvre à laquelle nous convions les bons citoyens qui voient dans l'organisation du crédit agricole un moyen sûr d'aider au relèvement de l'agriculture, et de contribuer au progrès économique et moral de notre vaillante démocratie rurale.

Septembre 1896.

CHARLES RAYNERI.

PREMIÈRE PARTIE

LE CRÉDIT AGRICOLE PAR L'ASSOCIATION COOPÉRATIVE

LE CRÉDIT AGRICOLE

PAR L'ASSOCIATION COOPÉRATIVE

CHAPITRE I.

1° Ancienneté de la question. — 2° Le drainage et la centralisation de l'épargne. — 3° Capital foncier et capital d'exploitation. — 4° Comment peut-on procurer le crédit à l'agriculture. — 5° Banque centrale ou sociétés ordinaires de crédit. — 6° La solution est fournie par la coopération.

1. — Depuis longtemps déjà on s'est occupé en France de la question du crédit agricole. Une foule de projets y ont vu le jour — on en cite plus de deux cents — sans résultat appréciable cependant, puisque malgré tous les efforts faits depuis quelques années, presque tout y est encore à organiser. Et cependant l'agriculture comme toute autre industrie a besoin de crédit. Elle souffre d'une crise intense, et se plaint de voir l'épargne se détourner des campagnes pour rechercher des placements qui n'ont rien de commun avec ses besoins. Plus que jamais la solution de cette question s'impose à l'heure actuelle, mais la difficulté consiste précisément dans le choix de l'instrument de crédit qui conviendra le mieux aux nécessités agricoles.

2. — Comment organiser le crédit rural? Comment attirer vers les exploitations agricoles les capitaux si sollicités par les entreprises les plus attrayantes, et trop souvent aussi les plus aléatoires? Comment lutter contre le centralisme excessif qui nous anémie? Les caisses d'épargne, les grandes sociétés de crédit au moyen de leurs nombreuses succursales, drainent une large partie de nos épargnes. D'autre part on dit : l'agriculture ne rapporte que 2 à 3 pour cent, elle ne fait pas de bénéfices suffisants pour pouvoir recourir utilement au crédit ; faciliter aux agriculteurs le moyen d'emprunter, c'est préparer leur ruine. Il y a dans ces appréciations diverses une vraie confusion. Personne ne saurait contester qu'une partie des capitaux qui vont s'entasser dans les caisses d'épargne, dans les grandes banques, et qui se transforment en valeurs mobilières, ne servirait avantageusement la cause du crédit populaire urbain et agricole. Mais pour attirer, pour retenir les capitaux, il faut inspirer la confiance et offrir des garanties sérieuses. Nous examinerons si la coopération sagement appliquée ne pourrait offrir ces garanties. Avant tout, il importe de rechercher si l'agriculteur peut trouver avantage à se servir du crédit, et si oui, dans quelles conditions et sous quelles formes.

3.— Il existe en agriculture deux sortes de capitaux : *le capital foncier* et *le capital d'exploitation*. Le premier représente la terre, les maisons, les fermes, etc. Le second est l'instrument qui sert à la production. Il faut distinguer entre *crédit foncier agricole* et *crédit agricole* proprement dit. Il ne faut pas confondre la propriété rurale avec l'agriculture elle-même. La première ne peut supporter qu'un faible taux d'intérêt, tandis que la seconde, souvent exploitée par l'usure, peut payer un intérêt plus élevé. Or, si le capital foncier ne rapporte que 2 à 3 pour cent, il a été démontré que le capital d'exploitation peut donner un rendement beaucoup plus rémunérateur. Dans l'exposé des motifs de son projet de crédit agricole, M. Méline a dit que les fonds employés avec discernement peuvent rapporter de 15 à 20 pour cent de bénéfice. M. de Malliard, délégué du ministre de l'agriculture au IVe Congrès des banques populaires tenu à Lyon en 1892, évaluait à 9 pour cent environ le revenu du capital d'exploitation dans une entreprise agricole (1). Il est donc évident que si l'agriculteur peut se ruiner en empruntant pour acheter du terrain ou pour construire, il peut au contraire développer et perfectionner ses cultures, augmenter sa production, améliorer en un mot sa situation, en empruntant avec sagesse pour les besoins de son exploitation. Au Congrès de Bourges, M. Rousseau, président du Syndicat des agriculteurs du Cher, nous disait : un agriculteur capable peut avoir quelquefois avantage à se procurer de l'argent pour acheter, au moment favorable, des animaux, des engrais, etc. Il ne faut pas confondre le crédit avec l'emprunt. L'emprunt est généralement destiné à s'immobiliser pour un certain temps, le crédit consiste à réaliser par anticipation certains produits d'une exploitation qui sont en voie de formation. Il est avantageux si le taux est modéré (2).

4. — Donc, dans certains cas le crédit peut être d'une grande utilité à l'agriculteur. Ceci admis, il reste à examiner de quelle façon on peut procurer efficacement le crédit à l'agriculture. Les essais qui ont été faits jusqu'ici d'organisation de crédit rural centraliste, même avec l'intervention de l'État, ont tous échoué aussi bien chez nous qu'à l'étranger. Tout le monde connaît l'échec du Crédit agricole fondé en 1860 sous les auspices du Crédit foncier, et qui, au lieu de crédit agricole, après avoir fait du crédit égyptien, dut se mettre en liquidation.

C'est que parmi les opérations de crédit en général, celles qui se rattachent à l'agriculture sont, sans contredit, les plus difficiles à pratiquer. Il ne faut pas croire que l'obstacle pour la création de banques agricoles réside dans la constitution de la banque, dans la formation de son capital. Non, l'obstacle réside dans le mode de distribution du crédit aux cultivateurs. Ou bien le cultivateur n'aura pas recours à la banque, ou bien la banque courra le risque de faire de mauvais crédits. Nous avons dit plus haut que certains prétendent que faciliter le crédit aux agriculteurs, c'est préparer leur ruine. Il est certain que ce préjugé deviendrait la réalité, si le crédit était accordé

(1) Voir volume des actes du Congrès de Lyon, p. 183.
(2) Voir volume des actes du Congrès de Bourges, p. 45.

sans discernement. Le crédit est une arme à deux tranchants. Si l'argent prêté est mal employé, le paysan ne pourra plus rembourser et se trouvera sous le poids d'une dette écrasante.

5. — Qui sera donc à même de distribuer le crédit à l'agriculteur avec une connaissance précise de ses besoins, du profit que pourra lui procurer l'avance sollicitée, ou du préjudice qui pourrait s'ensuivre ? Sera-ce une grande banque établie dans la capitale avec un réseau d'agences, administrée par des financiers qui ne sont pas des cultivateurs, jugeant sur la foi d'agents chargés de se livrer à des enquêtes sur la valeur des emprunteurs? Non certes, l'expérience a été tentée; elle est décisive. Rien à espérer d'un pareil système, sinon de faire toute autre chose que du crédit agricole (1). Seront-ce les sociétés de crédit établies dans les villes qui se décideront à rayonner dans les campagnes ? L'agriculteur n'a pas le papier qu'elles recherchent, et il n'est pas assez connu pour se faire admettre à l'escompte. — D'autre part, ces banques ayant des frais élevés, ne peuvent pratiquer le crédit à des conditions réduites.

6. — Est-elle donc sans remède cette plaie de la campagne autant que de la ville qui s'appelle l'usure, pratiquée sous des formes variées, et par laquelle le crédit, au lieu d'être le baume reconstituant, se transforme en poison plus ou moins lent, mais sûrement destructeur ?

Cette question est-elle donc insoluble ? Non, elle a été résolue d'une façon pratique, simple, bienfaisante par la coopération. Caisses agricoles à responsabilité illimitée, banques ou caisses agricoles à responsabilité limitée, voilà les instruments qui s'adaptent le mieux aux besoins du crédit populaire. Ce sont ces diverses formes que nous nous proposons de passer en revue dans la présente étude.

---

(1) Nos Congrès ont toujours combattu le principe d'une banque centrale précédant la constitution de sociétés de crédit locales. La banque centrale ne peut être que la résultante, la suite de leur développement. Voir à ce sujet les résolutions des Congrès de Menton, p. 122 ; Bourges, p. 163 ; Lyon, p. 227 ; Toulouse, p. 138 ; Bordeaux, p. 210.

CHAPITRE II.

1° Raiffeisen et Wollemborg. — 2° Objet et principes fondamentaux des caisses agricoles. — 3° La solidarité est sans danger, elle est un bienfait. — 4° La limitation territoriale. — 5° La gratuité des fonctions administratives. — 6° L'absence de capital versé. — 7° L'indivisibilité du fonds de réserve. — 8° Les opérations des caisses agricoles. — 9° Leur rôle dans la réception et l'utilisation sur place de l'épargne locale. — 10° De quelle façon les caisses agricoles peuvent se procurer des fonds. — 11° Les organes administratifs. — 12° Comment peut-on aider à la diffusion des caisses agricoles ?. — 13° Les résultats économiques et moraux. — 14° Conclusion.

1. — Raiffeisen, Wollemborg : deux noms bénis par les paysans d'Allemagne et d'Italie. Le premier, le véritable créateur des caisses de prêts *Darlhenskassen,* à la suite des mauvaises récoltes qui en 1846-47 affligèrent les provinces rhénanes, et en présence de la famine qui menaçait la population, conçut l'idée de réunir les habitants les plus riches du canton pour constituer une société coopérative en vue d'acheter du blé, et qui aurait pour base la solidarité illimitée de ses membres. Ce ne fut pas sans peine qu'il put obtenir un crédit de 6.000 marks, qui lui permit de faire venir du blé et de procurer à la population du canton, du pain à la moitié du prix courant. Les protégés de Raiffeisen purent échapper à la famine.

La société ne fut pas dissoute, et les capitaux empruntés furent employés à l'achat du bétail pour les petits paysans. Le succès couronna de nouveau ses efforts et porta en lui une indication précieuse, point de départ de ses futures créations. En 1849, cette société fut transformée en caisse de prêts. Elle existe encore à Flammersfeld. A l'heure actuelle, il y a en Allemagne 3100 caisses du type Raiffeisen, ayant 270.000 membres tous agriculteurs et accordant annuellement à leurs membres 60 millions de marks de crédit (1).

Leone Wollemborg, de Padoue, frappé par les maux qui accablent l'agriculture italienne, pénétré des ravages qu'y exerce l'usure, esprit généreux, doué d'une intelligence supérieure, après de longues études et de patientes observations, fonda en 1883 sa première caisse à Loreggia, sa résidence d'été. L'épreuve fut heureuse, et l'Italie compte aujourd'hui plus de 50 caisses Wollemborg(2). Leur nombre s'accroît constamment grâce au dévouement persévérant de son fondateur, vaillamment secondé par un de ses plus ardents admirateurs, M. C. Contini, avocat à Milan, économiste distingué et coopérateur militant, qui prit une part très active à plusieurs de nos Congrès.

2. — Les caisses agricoles sont des sociétés coopératives dont le crédit est établi sur la solidarité de leurs membres. Elles ont pour objet de leur procurer. à des conditions réduites, les petits capitaux qui leur sont nécessaires pour leurs exploitations ; elles tendent à leur amélioration morale et économique.

Quels sont les principes qui régissent ces associations ?

Ces principes sont : *la solidarité, la limitation territoriale, la gratuité des fonctions administratives, l'absence de capital versé, la minimité des frais généraux, l'indivisibilité du fonds de réserve.*

3. — M. Leone Wollemborg a écrit : « La solidarité est *l'épine dorsale* des associations de crédit rural. Elle leur donne dès les débuts la surface nécessaire. Chaque adhérent, s'il n'était exposé à trop de vicissitudes, posséderait dans la force de son travail une source de garantie. Mais il n'est pas admissible qu'à un même moment, tous les membres d'une association fassent de mauvaises affaires, ni que la mort ou l'inconduite ruinent d'un coup leur capacité sociale. Si quelques-uns sont frappés, la prospérité des autres rétablit toujours la balance. »

Or, une des plus grandes difficultés qui existent en France pour l'introduction de ces institutions est précisément la crainte de la solidarité. Cette pensée de se rendre solidaires les uns pour les autres, effraie les esprits.

(1) Voir au volume des actes du Congrès de Nîmes, p. 81, le rapport de M. Hermann Haentschke, secrétaire de la Fédération des sociétés coopératives allemandes.

(2) Dans ce chiffre ne sont pas comprises les caisses rurales catholiques.

C'est l'impression produite par un principe que l'on n'a pas pris la peine d'examiner à fond.

Qu'est-ce, en définitive, que cette responsabilité illimitée dans les caisses Raiffeisen-Wollemborg ? Tout ce qu'il peut y avoir de plus limité, de moins dangereux.

En effet, les statuts de ces caisses commencent par prévoir que tout sera limité. Limitation des engagements sociaux, qui, pendant l'année, ne pourront excéder un chiffre établi d'avance. Limitation du maximum éventuel des prêts. Obligation de fournir une caution pour les prêts d'une certaine importance. En outre, ces sociétés n'accordent des avances qu'à leurs sociétaires, et pour des besoins déterminés et contrôlés. Elles constituent de véritables familles, où tous les membres se connaissent, et exercent les uns sur les autres une surveillance instinctive et incessante. N'ayant presque pas de frais généraux, ni de dividendes à distribuer, elles n'ont pas besoin de rechercher les affaires, elles ne se soucient que de faire des opérations sûres et profitables à leurs adhérents. Par ces moyens toute perte devient bien difficile, sinon impossible, et s'en produirait-il, que les bénéfices annuels accumulés dans le fonds de réserve auraient bientôt suffi à les couvrir. Supposons qu'un sociétaire qui aurait emprunté à la caisse 300 francs, moyenne ordinaire, devienne insolvable, que la caution qu'il a donnée devienne aussi insolvable, chose extraordinaire, la caisse se composant de 20 membres, par exemple, il s'agirait d'une responsabilité de 15 fr. par tête, qui, en admettant que la société fut à ses débuts, seraient vite balancés par la réserve.

Ainsi, la crainte de la solidarité se dissipe au moindre examen, et il ne subsiste que la conviction que ce principe renferme la force et constitue la sauvegarde de ces institutions.

4. — La limitation territoriale a été définie en ces termes par M. Raiffeisen au Congrès de Lyon :

« Le district dans lequel la caisse fonctionne doit être le plus petit possible. Il doit être assez petit pour que tous les membres du comité de direction puissent parfaitement connaître la situation morale et matérielle de tous les sociétaires. Il doit être assez grand pour que les affaires sociales soient assez nombreuses pour pouvoir couvrir les frais d'administration et former une réserve. »

« Dans ce district ainsi restreint tout le monde se connaît, de manière que difficilement on prêterait de l'argent à une personne qui n'offrirait pas toutes les garanties nécessaires. Bien plus, le comité de direction a le devoir de contrôler l'emploi de l'argent emprunté par les membres, de manière que le prêt ne puisse jamais être employé à un autre but que celui indiqué d'avance par l'agriculteur. »

5. — Dans ces institutions toutes les fonctions sont gratuites. Le travail d'un employé, pendant quelques heures par semaine, suffit pour assurer le fonctionnement. Cet employé remplit à la fois l'office de secrétaire du conseil d'administration, des assemblées générales, et tient la comptabilité de la caisse. Il peut seul recevoir une rétribution, fort modeste d'ailleurs, si toutefois, pendant les premiers temps, il ne se décide à prêter son concours par pur dévouement. Pas de loyer : on pourra obtenir l'autorisation de tenir les séances de la caisse dans un des locaux de la mairie, ou bien on se réunira chez le président. La caisse, n'ayant pas de charges, voit son existence assurée, et peut être établie dans les milieux les plus modestes. C'est une grande difficulté qui se trouve ainsi résolue, car c'est certainement l'impossibilité de couvrir les frais généraux qui empêche la création d'institutions de crédit dans les petites localités.

6. — Ces caisses fonctionnent sans capital versé, elles n'ont donc pas de dividende à distribuer. N'ayant pas de sociétaires à rémunérer, elles ne sont pas pressées de faire des opérations, et peuvent ainsi choisir celles qui leur paraissent à l'abri de tout risque. Mais en faisant des opérations, il restera toujours un certain bénéfice d'acquis, vu que l'on aura soin de laisser une légère marge, 1 à 1 1/2 %, entre le taux des emprunts et le taux des prêts. Si la caisse se procure du crédit à 3 1/2 %, elle pourra prêter à son tour à 4 1/2 ou 5 %. Ce bénéfice servira à acquitter les très modestes frais généraux, papier, imprimés, gratification au secrétaire-comptable, et le surplus, s'il en reste, sera porté, après répartition d'une part aux sociétaires pour se conformer

aux principes de la société d'après la loi française, au fonds de réserve, qui graduellement constituera pour l'association un capital en plus du capital de de garantie que représente la solidarité. Il faut viser à la constitution de ce patrimoine, qui assurera l'indépendance de la caisse, lui permettra de travailler avec des ressources propres, gratuites, et donnera à l'institution affermie la possibilité d'affecter une partie des revenus à des œuvres d'utilité locales ou de bienfaisance. Ainsi, la coopération complètera son rôle, en encourageant le bien sous des formes diverses et en contribuant à l'amélioration du sort des moins heureux.

7. — Le fonds social est indivisible. Il ne peut, à aucun titre, être partagé parmi les associés. Comme l'a écrit Raiffeisen : « Ce fonds pourra être utile à tous les habitants ; à ceux qui sont sur le chemin de la ruine il sera le secours, l'échelle grâce à laquelle le travail pourra les relever. Un semblable fonds commun est d'une grande importance. Une fois le capital ainsi formé, la société est en mesure de faire face à toutes les demandes de crédit, sans que la responsabilité de ses membres soit en fait encore engagée. De plus, le bénéfice annuel permettra largement l'exécution de mesures diverses dans l'intérêt de la population. Il ne suffit pas de créer de pareilles institutions, il faut en assurer l'existence pour l'avenir. » Afin de perpétuer, autant que possible, l'existence de la société, les statuts feront défense de déroger au principe de l'indivisibilité du fonds social. En cas de dissolution, si quelques sociétaires le demandent, il pourra être affecté à la création d'une association similaire ; à défaut, il sera dévolu à des œuvres d'amélioration sociale.

8. — Les opérations des caisses agricoles consistent à faire des avances à leurs membres pour des besoins déterminés, ayant pour objet la production, et que le conseil d'administration aura reconnu pouvoir permettre à l'emprunteur non seulement de rembourser la caisse, mais de réaliser un certain bénéfice. La plus scrupuleuse attention doit être apportée par les administrateurs dans l'examen des demandes de prêts. En principe, ils doivent se montrer inexorables toutes les fois qu'elles auraient pour objet des besoins de consommation. L'argent prêté dans un but de production, sagement apprécié, peut subir un retard, mais finit par rentrer. Il n'en est pas de

même des fonds qui auraient reçu l'emploi opposé. Ils s'évaporent, et leur restitution devient de plus en plus problématique.

Il ne faut jamais oublier que la caisse n'est pas un instrument de lucre, mais une institution de relèvement économique et de progrès moral. C'est l'intérêt de ses membres qu'il faut viser avant tout. Or le crédit, tout bienfaisant qu'il est en lui-même, peut à certains moments devenir dangereux et funeste. Dans ce cas, refuser une avance c'est rendre un service signalé à celui qui l'a sollicitée. D'autre part, les membres de la caisse étant solidaires, en cas de perte, ce seraient les bons qui auraient à payer pour les mauvais. L'expérience apprend que dans ces caisses il n'y a pas de pertes. Pourquoi ? Parce que leurs créateurs ont eu soin de bien définir les règles fondamentales qui leur sont propres, et dont les administrateurs doivent avoir soin de ne jamais se départir.

9. — Mais à notre avis, les caisses agricoles ne doivent pas se borner au rôle d'organes distributeurs de crédit, elles doivent aussi revêtir la forme d'organes collecteurs des petites épargnes locales. Elles rendront un grand service à nos populations rurales en les initiant à la décentralisation, en les habituant à compter sur elles-mêmes. Elles fonctionneront comme des bureaux d'épargne recevant des dépôts à vue et à échéance fixe. Elles recueilleront ces petites économies, souvent exposées à tant d'appâts dangereux, et les reverseront au profit de l'activité locale, créant un point où se rencontreront fraternellement *Capital et Travail*. Mais on objectera : qui garantira nos épargnes ? Qui ? La solidarité illimitée, cette puissance qui a fait ses preuves et a résisté à tous les chocs, à toutes les tourmentes. La solidarité illimitée qui, par l'association, élève l'individu, le perfectionne, et lui donne la connaissance de sa valeur personnelle. La solidarité illimitée qui, d'après Leone Wollemborg, est *l'essence organique de ces unions rurales, qui en est le fondement et en même temps le gardien, le frein, et de laquelle émane comme d'une source vive et intarissable une influence intime et rénovatrice.*

10. — Mais les dépôts n'arrivant que lentement et après que l'institution aura fait ses preuves, comment se procurera-t-on au début les capitaux nécessaires au fonctionnement de la caisse, puisqu'elle ne comporte pas de

versements en argent ? Par voie d'emprunt. Comme je viens de l'indiquer, les caisses agricoles à solidarité offrent une telle garantie que les détenteurs de capitaux ne sauraient trouver un emploi plus sûr. Elles emprunteront les fonds qui leur sont nécessaires pour accorder le crédit à leurs membres. La loi du 20 juillet 1895, qui, après une campagne de plus de dix ans initiée, soutenue et dirigée avec la plus haute compétence et le plus grand désir de progrès populaire par M. Eugène Rostand et par les huit Congrès du crédit populaire et agricole organisés par le Centre Fédératif, a ouvert une première brèche dans le régime d'emploi étatiste si déploré par tous les bons esprits.

L'art. 10 de cette loi accorde aux caisses d'épargne ordinaires, autonomes ou municipales, le libre emploi facultatif, partiel et réglementé de leurs fortunes personnelles, dotations et réserves. Ce libre emploi, limité au *cinquième du capital et à la totalité du revenu*, comporte entre autres modes de placement des prêts aux associations coopératives de crédit.

A la faveur de cette récente conquête, les caisses agricoles pourront obtenir du crédit auprès des caisses d'épargne de leurs départements respectifs.

La Caisse d'épargne de Marseille, grâce aux persévérants efforts de son président, M. Eugène Rostand, est entrée parmi les premières dans cette voie si utile. Elle a accordé à plusieurs caisses fondées dans les Bouches-du-Rhône des prêts-subventions à raison de 2.000 fr. par caisse, à deux ans et à 3 %.

A l'occasion de ses noces de diamant, son conseil de direction a décidé d'assigner fr. 20.000 à dix prêts similaires en faveur de dix nouvelles sociétés coopératives de crédit agricole qui se constitueraient dans des communes des Bouches-du-Rhône où la Caisse possède des succursales (1).

Mais ce sont surtout les banques populaires établies dans les centres urbains qui doivent aider à la diffusion des caisses agricoles et les seconder par le crédit. La banque populaire urbaine doit être le pivot du crédit agricole.

---

(1) Une première tournée de trois jours a été faite dans les Bouches-du-Rhône du 24 au 26 juillet 1896 par MM. Eugène Rostand et Charles Rayneri. Elle a abouti à la création d'une caisse agricole dans chacune des localités visitées, à Château-Renard, à Salons et à Eyguières. Le 30 juillet, M. E. Rostand en a suscité une quatrième à Mallemort.

De même qu'au moyen âge les industriels de la Lombardie après s'être enrichis dans le commerce, déversaient dans les campagnes les trésors amassés dans les villes, il faut, au moyen des banques populaires intelligemment coordonnées avec les caisses agricoles, faire refluer vers la terre une part des capitaux énormes qui cherchent un placement, et qui se plaignent de la diminution constante du taux des revenus. L'excédent de la richesse urbaine aidera puissamment au fonctionnement du crédit agricole.

C'est ainsi que l'a compris la Banque populaire de Menton. Depuis 1893, se sont fondées, sous son patronage, dans les Alpes-Maritimes, dix caisses agricoles, une banque populaire urbaine et une banque populaire mixte urbaine et agricole (1). A partir de cette époque jusqu'au 30 juin 1896, c'est-à-dire dans le cours de deux exercices, la Banque a fait aux caisses agricoles des avances s'élevant à fr. 116.875 au taux de 4 % par an. Elle reçoit leurs dépôts à 3 1/2 % remboursables à vue, permettant ainsi à celles des caisses qui n'auraient pas l'emploi immédiat des fonds de les placer chez elle et de recevoir un intérêt qui leur donne la possibilité, non seulement de ne rien perdre, mais de réaliser même un petit bénéfice, qui leur permet surtout de ne pas refuser les épargnes lorsqu'elles n'en auraient pas un emploi immédiat. La Banque populaire de Menton a fédéré ces institutions dans un Groupe départemental, qui tient deux assemblées par an, et qui a organisé un service d'inspections périodiques dans le but d'assurer le fonctionnement régulier des sociétés adhérentes (2).

Elle a pris à sa charge tous les frais de local, d'imprimés, propagande, etc., offrant un exemple d'organisation complète et vraiment pratique de crédit agricole.

11. — Les caisses ont pour organes administratifs : *a)* le conseil d'administration ; *b)* le conseil de surveillance ; *c)* les assemblées générales ; *d)* le secrétaire-comptable.

---

(1) Cf. La diffusion du crédit populaire rural dans les Alpes-Maritimes et dans les Bouches-du-Rhône. — Menton, Imprimerie Coopérative. — Trois jours dans les Bouches-du-Rhône. — Marseille, Imprimerie du *Journal de Marseille*.

(2) Les délégués du Groupe départemental ont été reçus le 5 mars 1896 à Menton, par M. Félix Faure, Président de la République.

a) Le conseil d'administration est investi des pouvoirs les plus étendus. Il statue sur les admissions et sur les exclusions des sociétaires, fixe les crédits à accorder, contracte les emprunts nécessaires, le tout dans les limites arrêtées par les assemblées générales. Il plaide, transige, et fait, en un mot, tout ce que comporte le but de la société.

b) Le conseil de surveillance exerce un contrôle suivi sur les opérations sociales, il surveille l'emploi des prêts, inspecte la comptabilité, vérifie la caisse, dresse de ses vérifications un procès-verbal qui est communiqué au conseil d'administration. Il a le pouvoir de convoquer, en cas de besoin, l'assemblée générale.

c) L'assemblée générale se compose de tous les sociétaires. Elle se réunit deux fois par an, au printemps et en automne. Elle peut avoir lieu à titre extraordinaire, par décision du conseil d'administration, du conseil de surveillance, ou si un certain nombre de sociétaires, prévu par les statuts, le demande par écrit. L'assemblée examine les comptes, fixe le maximum des engagements qui pourront être contractés, et le maximum de crédit pouvant être accordé à un seul membre pendant l'année. Elle fixe le taux des dépôts, des prêts, statue sur toutes les questions d'intérêt social, élit les administrateurs et les commissaires de surveillance.

d) Le secrétaire-comptable est nommé par le conseil d'administration. Il a la gestion de la caisse, tient la comptabilité, la correspondance, prépare les bilans et les comptes-rendus à présenter aux assemblées. C'est la seule charge pouvant être rétribuée, et nous espérons que, comme cela a eu lieu pour les caisses des Alpes-Maritimes, on pourra trouver des hommes de bien se chargeant de ces fonctions gratuitement, au moins, pendant les premières années.

12. — Quels moyens pourront aider efficacement à la diffusion de ces institutions en France ? D'abord la connaissance vulgarisée des principes qui les régissent, de leur but, et la démonstration des avantages multiples qu'elles procurent à ceux qui en font partie, tout aussi bien qu'aux localités où elles fonctionnent.

Suivant l'exemple déjà cité de la Banque populaire de Menton, les banques populaires urbaines devraient encourager la création de caisses agricoles là où elles ne peuvent pénétrer au moyen de succursales. Elles devraient leur accorder des prêts à des conditions très réduites et en guider les premiers pas. C'est en grande partie, nous le répétons, avec l'argent des villes que le crédit agricole peut être organisé. Il ne saurait y avoir d'antagonisme entre les banques populaires et les caisses agricoles : elles se complètent merveilleusement les unes par les autres, et se fondent dans un ensemble harmonieux.

Les syndicats agricoles, qui existent dans notre pays au nombre de plus de 1500, sont également bien placés pour patronner la fondation de ces caisses. Mais à notre avis, les véritables organisateurs de ces institutions devraient être les maires, les curés, les instituteurs de nos communes rurales. Connaissant à fond les besoins de leurs localités, y jouissant de la sympathie, de l'estime publique, étant en rapports directs et suivis avec les habitants, ils sont, mieux que personne, à même de se faire les apôtres de la coopération dans les campagnes. Nous nous hâtons d'ajouter que c'est grâce à ce triple concours que nous avons pu faire apprécier l'idée, vaincre les craintes, répandre ces institutions dans les Alpes-Maritimes.

Il y a là un exemple qui nous paraît digne d'être signalé et imité. Qu'ils se mettent à l'œuvre, et les hommes de bonne volonté ne manqueront pas de se joindre à eux pour les seconder dans la réalisation de ce bienfait social.

13. — Quant aux résultats qui découlent de ces institutions, ils sont nombreux. Nous en résumerons brièvement les principaux en les partageant en deux catégories : résultats économiques, résultats d'ordre moral.

Résultats économiques. — Mettre à la portée des travailleurs des champs un instrument de crédit bien adapté à leurs besoins, soit au point de vue de la distribution du crédit faite avec discernement, avec connaissance de cause, soit au point de vue des échéances conformes aux nécessités agricoles, soit au point de vue du bon marché de l'argent ;

Les inciter, les mettre à même d'améliorer leurs méthodes de culture ;

Leur procurer le moyen d'acheter dans d'excellentes conditions leurs matières premières ;

Contribuer à mettre un frein au drainage effréné des capitaux, qui engendre l'anémie aux extrémités pour déterminer l'apoplexie au centre ;

Retenir dans la commune les économies locales, et en faire bénéficier l'intelligence et le travail ;

Créer plus de bien être dans la condition des habitants des campagnes françaises, et les rendre plus satisfaits de leur sort, précieux résultat social.

Résultats moraux. — Ils sont tout aussi importants. Éveiller l'esprit d'initiative, d'association qui fait si souvent défaut, à la campagne surtout ;

Inculquer aux agriculteurs le sentiment de la solidarité, l'efficacité de ce principe jadis redouté, mais accepté aujourd'hui, car l'on reconnaît qu'il constitue le véritable talisman de l'agriculture ;

Faire l'éducation économique des travailleurs de la terre, et leur donner la mesure de leur valeur personnelle par la juste appréciation de leurs qualités morales, de leurs capacités professionnelles ;

Contribuer, sous l'égide de la coopération, au rapprochement d'éléments autrefois divisés, resserrer les liens de l'amour fraternel entre enfants d'une même localité, aider efficacement à la paix sociale.

14. — Nous n'en finirions plus si, à l'appui de notre dire, nous voulions citer des exemples. Il nous suffira d'ajouter que ces institutions sont très répandues en Allemagne, en Italie, en Autriche, en Russie, en Hongrie, en Serbie, et leur nombre s'accroît d'année en année. Jamais une d'entre elles n'a failli à ses engagements. Elles n'ont jamais redouté les moments de crises économiques ou politiques. Au contraire, c'est à ces moments que leur crédit s'est montré plus solide et plus puissant (1). C'est à ces moments que le principe de la solidarité illimitée s'est plus hautement affirmé.

Nous ne saurions mieux signaler les bienfaits de ces modestes fleurs de la coopération qu'en extrayant du remarquable rapport présenté à l'Exposition universelle de Paris de 1889 par M. Leone Wollemborg le passage suivant : C'est un fragment de lettre écrite par l'archiprêtre de Loreggia :

(1) Au Congrès de Lyon, M. Raiffeisen fils a déclaré que jamais une institution de ce genre n'avait fait faillite, et que jamais aucune d'elles n'avait fait perdre un centime à ses membres. Dans les moments de crise on retirait les dépôts aux autres institutions pour les apporter de préférence aux caisses Raiffeisen. Cette confiance s'affirma surtout pendant les guerres de 1866 et de 1870. On offrait à ces caisses des dépôts *même sans intérêt*. Elles étaient obligées d'en refuser.

« On va maintenant moins au cabaret, on travaille mieux et davantage. Les gens honorables étant seuls admis comme associés, on a vu des ivrognes promettre de ne plus mettre les pieds au cabaret et tenir parole. On a vu des ignorants de cinquante ans et plus apprendre à écrire pour savoir signer leurs demandes d'emprunts et leurs billets. Tel individu, repoussé parce qu'il est inscrit au bureau de bienfaisance, a fait les démarches nécessaires pour que son nom soit rayé de la liste de secours, et désormais, au lieu de vivre d'aumône, il vit de son travail avec l'aide du petit capital que la caisse rurale lui confie. Tel travailleur qui ne pouvait pas se nourrir lui-même a acheté une vache, et a pu, avec le gain du lait et du fromage, payer sa dette à la société et conserver le veau de la bête, résultat qu'il n'aurait jamais obtenu sans ce concours. Des étables, vides auparavant, à présent sont remplies. Plus d'animaux, plus de lait, plus de fumier, meilleure récolte. J'ai ouï des sociétaires satisfaits, ayant enfin échappé à la cruelle usure qui les rongeait, bénir la caisse rurale et son fondateur. »

C'est bien un tableau frappant des bienfaits que l'on peut attendre de l'association coopérative rurale basée sur la solidarité. C'est la confirmation des résultats que nous avons énumérés plus haut. Quelle œuvre plus généreuse, plus utile saurait fixer l'attention des hommes de progrès et entraîner leur dévouement ? Ne renferme-t-elle pas un vrai devoir à accomplir ? Le moment n'est-il pas venu de propager ces institutions qui, conçues dans un esprit de neutralité absolue, sont une des plus belles parures de la coopération ?

Si les concours que nous avons signalés viennent s'associer à nos efforts, la France ne tardera pas à conquérir le rang qui lui est dû parmi les nations qui, par la force de *l'initiative, de l'aide-toi toi-même*, ont pu résoudre les problèmes sociaux les plus importants et toucher aux progrès qui resteront l'honneur de ce siècle.

CHAPITRE III.

1° Comment on fonde une caisse agricole. — 2° La propagande individuelle. — 3° Les réunions doivent être de préférence privées, il faut trier les adhérents. — 4° L'assemblée générale constitutive.

1. — Sitôt que l'idée de l'utilité de la création d'une caisse agricole aura pénétré dans une commune, il sera bon que les promoteurs se constituent en comité de fondation et étudient à fond le but et le mécanisme de ces associations. Le comité de fondation devra se composer d'hommes favorablement connus, jouissant de l'estime et de la sympathie de la population, représentant toutes les opinions. C'est en grande partie parmi les membres du comité que seront pris les futurs administrateurs de l'institution. La caisse, nous ne cesserons de le répéter, ne doit pas être l'œuvre d'un parti ni d'une croyance; elle doit être un facteur d'union et de paix.

2. — Le comité de fondation doit procéder d'abord par la propagande individuelle qui est la meilleure. Il ne s'agit pas de convaincre à la surface, d'entraîner par l'éloquence l'auditoire d'une réunion publique. En pareille matière, il faut que la conviction la plus absolue gagne les esprits des personnes qui seront appelées à composer l'association. Les promoteurs s'adresseront donc tout d'abord aux éléments locaux qu'ils jugeront à même de bien saisir l'importance et l'utilité de l'institution, ils s'efforceront de les mettre au courant des principes devant la régir et de leur démontrer les résultats qui pourront s'ensuivre.

3. — Dès qu'un certain nombre d'adeptes aura été recruté — il ne faut pas être nombreux pour commencer, dix ou douze membres bien choisis suffiront — on organisera une réunion privée. Pourquoi une réunion privée ? Parce que dans nos associations, du moment où il faut s'aider mutuellement, il

faut aussi mutuellement se connaître, et du moment où l'on fait appel au crédit, il faut avant tout inspirer la confiance. On ne peut pas recevoir tout le monde. On ne peut admettre que des personnes honnêtes, ayant de bons antécédents, dignes en un mot d'appartenir à des associations dans lesquelles, comme on l'a dit avec justesse, il faut une somme de vertus bien supérieure à la somme des capitaux (1). En tenant une réunion publique, on s'exposerait en outre à ouvrir la porte à ceux, et il en existe toujours, qui par parti-pris ou par intérêt seraient hostiles à l'institution et essayeraient d'en empêcher la formation ou d'en contrecarrer la marche.

Dans cette réunion on expliquera les principes, le but et le fonctionnement des caisses agricoles. Toutes ces indications sont contenues dans les deux premiers chapitres du Manuel qu'il suffira au besoin de lire et de commenter. On communiquera ensuite les statuts, et l'on se mettra à la disposition des présents pour répondre à toute demande d'indications complémentaires.

Une fois la lecture faite et toutes les explications fournies, les membres du comité signeront les statuts, et inviteront les présents à en faire autant. La société se trouvera ainsi constituée (2).

5. — La réunion préparatoire terminée, les signataires des statuts se réuniront de suite en assemblée générale constitutive avec l'ordre du jour suivant :

Nomination du conseil d'administration ;

Nomination de la commission de surveillance ;

Fixation du maximum des engagements de la caisse pendant le premier exercice social ;

Fixation du maximum du crédit individuel ;

Fixation du taux d'intérêt pour les prêts ;

Fixation du taux d'intérêt pour les dépôts et les emprunts.

On choisira comme administrateurs et comme commissaires des personnes

---

(1) Cf. au sujet du recrutement des associés, le volume des actes du Congrès de Menton, p. 69 à 81.

(2) Le Centre Fédératif du crédit populaire en France tient à la disposition des fondateurs de caisses agricoles des statuts sur papier timbré conformes aux modèles contenus dans ce Manuel, *gratuitement*, contre le seul remboursement des timbres (1 fr. 20 par exemplaire). Il leur offre également, *à titre gratuit*, des modèles de procès-verbal d'assemblée constitutive sur lesquels il n'y aura plus qu'à remplir les vides. Adresser les demandes à M. Ch. Rayneri, à Menton, Alpes-Maritimes.

inspirant confiance, et ayant le temps et les aptitudes voulues pour remplir ces fonctions.

Le maximum des engagements que la caisse pourra contracter pendant le premier exercice et le maximum du crédit individuel seront aussi réduits que possible ; l'institution doit cheminer par degrés et avec prudence.

Quant aux taux des prêts, des dépôts et des emprunts, il conviendra de les fixer de sorte qu'il reste, entre le taux que l'on devra payer pour se procurer des fonds et celui que les emprunteurs auront à acquitter, une marge suffisante pour constituer un modeste bénéfice, qui, comme nous l'avons expliqué, sera affecté principalement à la formation d'un fonds de réserve indivisible.

Après l'assemblée générale, le conseil se réunira pour choisir son président, nommer le secrétaire-comptable, arrêter le règlement d'administration, prendre les dispositions nécessaires pour les dépôts des statuts et les publications légales, et fixer la date de l'ouverture des opérations de la caisse.

STATUTS D'UNE CAISSE AGRICOLE A SOLIDARITÉ

§ I

Il est formé entre les soussignés et ceux qui adhèreront aux présents statuts une société en nom collectif, à capital variable, qui prend la dénomination de *Caisse agricole coopérative de* ....

Le but de la société est de faciliter le crédit, d'encourager l'épargne, et de contribuer par ces moyens au bien-être matériel et moral de ses membres.

La société aura une durée illimitée.

§ II

Des Opérations de la Société.

Les capitaux nécessaires au fonctionnement de la société sont fournis :

a) Par les dépôts à vue et à échéance qu'elle est autorisée à recevoir ;

b) Par les emprunts qu'elle peut contracter ;

c) Par le réescompte de son portefeuille ;

d) Par les bénéfices et toute autre ressource éventuelle.

La société s'interdit toute affaire aléatoire, elle ne fait des prêts qu'à ses membres. Elle peut verser les fonds dont elle n'aurait pas l'emploi immédiat à une caisse d'épargne ou à une banque populaire notoirement solvable. Elle consent des prêts depuis trois mois jusqu'à deux ans sur garanties, cautions, nantissements ou hypothèques ; cependant les prêts de 200 fr. et au dessous, jusqu'à échéance de six mois, pourront être accordés sur la seule signature du sociétaire emprunteur. Les prêts seront toujours représentés par des billets à ordre, à trois mois, renouvelables, avec ou sans amortissement, dans les conditions déterminées par le conseil d'administration.

Chaque demande énoncera l'objet du prêt et sa durée. Le conseil d'administration ne pourra accorder des prêts que s'il a la conviction absolue que la somme avancée permettra à l'emprunteur de rembourser la caisse et de réaliser un bénéfice. Il a le droit d'exiger, à n'importe quel moment, le remboursement des prêts que les sociétaires n'auraient pas affectés à l'usage déclaré dans la demande d'emprunt. Il devra suspendre toutes opérations avec ces derniers, et proposer à la prochaine assemblée générale leur exclusion de la société.

Il pourra également demander des cautions supplémentaires, et, à défaut, opérer la rentrée de celles des avances qui ne lui paraitraient pas suffisamment garanties.

La société se réserve le droit d'exiger, avant échéance, le remboursement intégral des avances faites à ses sociétaires, mais seulement dans le cas où les emprunts par elle contractés seraient dénoncés en totalité.

§ III

Du Capital social.

Le capital social est représenté, indépendamment du capital de garantie que constitue la solidarité, par le fonds de réserve auquel sont attribués quatre-vingt pour cent des bénéfices annuels et toutes autres rentrées éventuelles. Il n'y a pas d'actions. Les sociétaires ne font aucun versement. Ils touchent une répartition de vingt pour cent sur les bénéfices nets, à distribuer en parties égales.

Le fonds de réserve demeure indivisible.

En cas de dissolution de la société, il sera affecté par décision de l'assemblée générale :

a) si sept sociétaires au moins en font la demande, à la réorganisation de l'institution ;

b) dans le cas contraire, aux œuvres d'amélioration sociale que l'assemblée désignera.

En aucun cas ce fonds ne pourra être réparti parmi les sociétaires.

Lorsqu'il aura atteint un chiffre pouvant suffire aux besoins de la société, l'assemblée pourra décider que les quatre-vingt pour cent des bénéfices annuels seront affectés à des œuvres d'utilité locale.

§ IV

Des Sociétaires.

La société n'admet dans son sein que les personnes majeures, jouissant de leurs droits civils, ayant une bonne réputation, et habitant la commune de .... ou y étant inscrites au rôle de l'impôt foncier.

Les demandes d'admission sont adressées au conseil d'administration, qui a le pouvoir de les accepter ou de les repousser. Le candidat non admis peut en appeler à l'assemblée générale, qui statue en dernier ressort.

La qualité de sociétaire est constatée vis-à-vis de l'associé, de la société et des tiers par une inscription sur le livre des sociétaires signée par le sociétaire et par deux administrateurs en cas d'entrée ou de démission, et par deux administrateurs seulement en cas d'exclusion ou de décès.

On perd la qualité de sociétaire :

a) Par la sortie volontaire, en prévenant par écrit le conseil dans les six premiers mois de l'exercice social. La sortie n'a d'effet qu'après l'assemblée générale ayant approuvé les comptes annuels ;

b) Par décès ;

c) Par le changement de domicile, à moins que le sociétaire ne demeure propriétaire dans la commune ;

d) Par exclusion.

Le conseil d'administration pourra exclure :

a) Les sociétaires qui auraient subi des peines correctionnelles ou criminelles ;

b) Qui se seraient laissés poursuivre faute de paiement de leurs dettes envers la société ;

c) Qui seraient en état de déconfiture.

Les exclusions prononcées par le conseil d'administration pourront, sur la demande écrite des sociétaires exclus, être portées en appel devant l'assemblée générale, qui statuera en dernier ressort.

Les sociétaires ont le droit :

a) De prendre part, en personne, aux assemblées générales. Les sociétaires qui n'interviennent pas aux assemblées sans motif plausible agréé par le conseil d'administration sont passibles d'une amende calculée à raison de
par absence ;

b) D'obtenir des prêts dans les conditions prévues par les statuts ;

c) De verser dans la caisse sociale des fonds productifs d'intérêts ;

d) De contrôler l'emploi des avances obtenues par d'autres sociétaires.

Les sociétaires ont l'obligation :

a) De répondre par tous leurs biens des obligations de la société en parts viriles entre eux, et solidairement vis-à-vis des tiers ;

b) D'observer les statuts et règlements sociaux, d'assister aux assemblées générales, et de favoriser, par tous les moyens en leur pouvoir, les intérêts de la société.

Les sociétaires démissionnaires ou exclus ne sont tenus que des dettes antérieures à leur sortie effective de la société. Cette responsabilité est soumise à la prescription quinquennale.

§ V

Administration.

La société est administrée et surveillée par :

a) Le conseil d'administration ;

b) Le conseil de surveillance ;

c) L'assemblée générale ;

d) Le secrétaire-comptable. Cette seule charge pourra être rétribuée. Les autres sont entièrement gratuites.

a) Conseil d'administration.

Le conseil d'administration se compose de trois membres au moins, qui choisissent entre eux un président. Ce nombre peut être augmenté en cas de besoin constaté. Ils restent en fonctions pendant trois ans et sont renouvelables par tiers chaque année.

Le renouvellement est fixé par un tirage au sort pendant les deux premières années.

En cas de décès, démission ou empêchement durable d'un administrateur, le conseil choisit un administrateur provisoire, dont la nomination sera soumise à la ratification de la prochaine assemblée générale.

Le conseil se réunit au moins une fois par semaine. Les délibérations sont prises à la majorité des voix.

Le secrétaire-comptable assiste aux séances avec voix consultative, à moins que le conseil ne décide de délibérer hors sa présence.

Le conseil est investi des pouvoirs les plus étendus. Tout ce qui n'est pas réservé expressément à l'assemblée générale est de sa compétence, et notamment :

a) Il statue sur les admissions et exclusions des sociétaires, sur les demandes de prêts, il examine et surveille l'emploi des sommes avancées et veille à leur rentrée ;

b) Il contracte les emprunts dans les limites fixées par l'assemblée générale ;

c) Il fixe les dépenses d'administration, surveille la comptabilité, arrête les bilans à soumettre à l'assemblée générale ;

d) Il nomme le secrétaire-comptable ;

e) Il plaide, transige, compromet, donne toutes mainlevées, intente et suit toutes actions judiciaires et autres, et généralement fait tout ce qui rentre dans l'objet de la société non prévu par les présentes, toutefois il se fait représenter en justice soit par le président, soit par le secrétaire-comptable ;

f) Il convoque les assemblées générales ordinaires et extraordinaires, lorsque l'intérêt social l'exige.

Toutes les fois qu'il s'agira des intérêts d'un administrateur, ce dernier devra s'abstenir d'assister à la séance, et la délibération du conseil sera soumise à l'approbation du conseil de surveillance.

Tous les actes concernant la société devront porter la signature de deux administrateurs.

Les administrateurs ne contractent aucune obligation personnelle ou solidaire. Ils ne sont responsables que de l'exécution de leur mandat dans les termes du droit commun.

b) Conseil de surveillance.

Le conseil de surveillance se compose de trois sociétaires nommés par l'assemblée générale. Leurs fonctions durent une année. Ils sont rééligibles.

Ils veillent à l'exécution des statuts et des délibérations de l'assemblée générale. Ils vérifient la caisse, le portefeuille, la comptabilité. Ils surveillent l'emploi des fonds prêtés par la caisse. Ils statuent sur les demandes d'emprunts présentées par des administrateurs ainsi que sur leur admission comme cautions. Ils se réunissent au moins une fois par mois et dressent un procès-verbal contenant leurs observations. Ce procès-verbal est communiqué au conseil d'administration. Ils peuvent, s'ils le jugent utile, convoquer l'assemblée générale.

c) Assemblée générale.

L'assemblée générale se compose de tous les sociétaires. Elle se réunit deux fois par an, au printemps et en automne. Elle peut aussi être convoquée à titre extraordinaire par le conseil d'administration, par le conseil de surveillance, ou sur une demande écrite portant la signature du cinquième des sociétaires et indiquant les objets à traiter.

Les convocations ont lieu par lettres adressées à chaque sociétaire au moins quatre jours à l'avance et contenant l'ordre du jour. L'avis de convocation sera également affiché à la porte du siège social.

L'assemblée est présidée par le président du conseil d'administration assisté de deux scrutateurs choisis par elle. Le secrétaire-comptable remplit les fonctions de secrétaire.

L'assemblée générale ne délibère valablement que si le nombre des présents atteint la moitié des sociétaires inscrits. Les procurations ne sont pas admises. A défaut il sera convoqué une seconde assemblée générale dans le délai de huit jours. Ses délibérations seront valables quel que soit le nombre des présents.

Les délibérations sont prises à la majorité des voix, à mains levées, et avec contre-épreuve. Si la moitié des présents le demande, on procède au scrutin secret. Chaque sociétaire n'a qu'une voix. En cas de partage, la voix du président est prépondérante.

L'assemblée générale du printemps prend connaissance des opérations effectuées pendant le premier semestre de l'exercice, se prononce sur les questions qui lui seraient soumises par le conseil d'administration, et notamment elle ratifie les nominations d'administrateurs prévues au troisième alinéa du § V, *a*). L'assemblée générale d'automne examine la gestion de l'exercice social, qui commence le 1er juillet et termine le 30 juin de chaque année, et après avoir entendu la lecture du rapport du conseil de surveillance, approuve, s'il y a lieu, les comptes qui lui sont soumis, et en donne décharge au conseil.

Elle nomme les administrateurs et les commissaires de surveillance.

Elle détermine le maximum des emprunts et des engagements qui pourront être contractés, et le maximum du crédit qui pourra être consenti à un seul sociétaire pendant l'année.

Elle fixe le taux des dépôts et des avances.

Elle statue en dernier ressort sur les admissions et exclusions de sociétaires.

Elle fixe toutes les amendes qu'elle juge nécessaires, afin de pourvoir à la régularité de l'administration et des opérations sociales.

d) Secrétaire-comptable.

Le secrétaire-comptable exécute les décisions du conseil d'administration. Il est chargé de la tenue des livres et de la gestion de la caisse. Il prépare les comptes à présenter aux assemblées générales. Ces comptes doivent être soumis au conseil d'administration, avec tous les documents justificatifs, au plus tard le 31 août de chaque année. Le secrétaire-comptable est responsable de tous les documents, valeurs et espèces qui lui sont consignés. Il remplit les fonctions de secrétaire du conseil d'administration et des assemblées générales.

§ VI

Dispositions diverses.

Les présents statuts, sauf en ce qui concerne la solidarité des membres, l'absence d'actions, l'indivisibilité du fonds de réserve, la gratuité des fonctions administratives, dispositions qui ne pourront jamais subir aucun changement, peuvent être modifiés sur la proposition du conseil d'administration par une assemblée générale extraordinaire, composée et délibérant dans les conditions prévues ci-après.

L'assemblée générale qui aurait à statuer sur des modifications aux statuts ou sur la dissolution anticipée de la société devra se composer des trois quarts des sociétaires inscrits, et délibérera à la majorité des quatre cinquièmes des présents.

Les actes concernant la société seront publiés dans un des journaux du département désigné pour recevoir les annonces légales. Ils seront communiqués au Centre Fédératif du crédit populaire en France.

Fait en autant d'exemplaires que de parties à ....,

le ....

MODÈLE DE PROCÈS-VERBAL D'ASSEMBLÉE GÉNÉRALE CONSTITUTIVE

L'an............le.............................à.............heures du.................les membres fondateurs de la société en nom collectif, à capital variable, dénommée *Caisse Agricole de*..., dont les signatures ont été apposées au bas des statuts, se sont réunis en assemblée générale constitutive à (1).. dans la salle de (2)..

L'assemblée, après s'être consultée, choisit le bureau.

Elle élit Président M...

— Scrutateurs M.......................................M.......................................

— Secrétaire M...

tous acceptants.

Le président déclare que tous les fondateurs étant présents, l'assemblée est régulièrement constituée et peut valablement délibérer (3).

Il expose qu'il y a lieu de se prononcer sur les questions suivantes :

1° Nomination du conseil d'administration.

2° Nomination du conseil de surveillance.

3° Fixation du maximum des engagements, dépôts et emprunts, que la Caisse pourra contracter pendant le premier exercice.

4° Fixation du maximum du crédit individuel.

5° Fixation des taux des emprunts, des dépôts et des avances.

L'assemblée, après s'être consultée, élit administrateurs MM...

....

Membres du conseil de surveillance MM...

....

Elle fixe à...francs le maximum des engagements que la Caisse pourra contracter pendant l'exercice tant sous la forme d'emprunts que sous celle de dépôts.

(1) Indiquer la localité.

(2) Indiquer le lieu où l'assemblée s'est réunie.

(3) D'après le paragraphe V, lettre (c) 4e alinéa des statuts, la moitié des sociétaires suffit pour la validité des délibérations des assemblées générales.

Elle fixe à le maximum du crédit individuel.

Elle décide que les emprunts seront contractés au taux de %, les dépôts seront reçus au taux de % et les prêts seront accordés au taux de %.

Rien n'étant plus à l'ordre du jour, la séance est levée.

Signatures des membres du bureau.

Première réunion du Conseil d'administration.

Le conseil d'administration se réunira sitôt après l'assemblée générale pour nommer son président et le secrétaire-comptable, et pour arrêter le règlement général intérieur.

FORMALITÉS A REMPLIR

Enregistrement.

Les statuts seront enregistrés au droit fixe de 3 fr. 75. La Direction générale de l'Enregistrement saisie de cette question a décidé que le droit gradué n'était pas applicable à ces sociétés. En cas de difficultés, s'adresser au président du Centre Fédératif du crédit populaire en France, 14, rue Montaux, Marseille.

Dépôts.

Dans le mois de la constitution de la société, un exemplaire des statuts sera déposé au greffe de la justice de paix, et un autre au greffe du tribunal de commerce ou à défaut au greffe du tribunal civil.

Publications.

Dans le même délai on fera publier dans l'un des journaux désignés pour recevoir les annonces légales l'insertion suivante :

CONSTITUTION DE SOCIÉTÉ

Il résulte d'un acte sous seing privé en date du.................................enregistré à..................le..................qu'il a été constitué à..................................entre Messieurs (suivent les noms des adhérents), tous domiciliés à.................................. et toutes les personnes qui y adhèreront par la suite, une société en nom collectif, à capital variable, sous la dénomination de *Caisse Agricole Coopérative de*.................. avec siège social à

Le but de la société est de faciliter le crédit, d'encourager l'épargne, et de contribuer par ces moyens au bien-être matériel et moral de ses membres.

Le capital social est représenté indépendamment du capital de garantie que constitue la solidarité, par le fonds de réserve auquel sont attribués 80 % des bénéfices annuels et toutes autres rentrées éventuelles, et qui est indivisible.

La société est administrée par un conseil d'administration composé de MM. (suivent les noms des administrateurs), par un conseil de surveillance et par l'assemblée générale.

Les actes engageant la société devront porter la signature de deux administrateurs. La durée de la société est illimitée. Elle a commencé le...................................

L'acte constitutif dûment enregistré a été déposé le ....au greffe de la justice de paix de..................................et au greffe du tribunal de commerce (à défaut, du tribunal civil) de..................................

Suivent les signatures des sociétaires fondateurs.

Il sera justifié de l'insertion par un exemplaire du journal certifié par l'imprimeur, légalisé par le maire, et enregistré dans les trois mois de sa date.

RÈGLEMENT GÉNÉRAL

Administration.

Le conseil d'administration se réunit, sans convocation spéciale, tous les dimanches à.........heures du.................. Il examine les demandes d'admission et d'avances, contrôle les écritures, statue sur les emprunts à contracter pour satisfaire aux demandes de prêts, délibère sur l'emploi des excédents de caisse, et remet au secrétaire-comptable les effets échus à encaisser. Le secrétaire-comptable assiste aux séances avec voix consultative et dresse procès-verbal des délibérations prises.

Les réunions extraordinaires ont lieu sur la convocation du président.

Lorsque de nouveaux membres seront appelés par l'assemblée générale à faire partie du conseil d'administration, un extrait du procès-verbal de l'assemblée les ayant nommés, établi sur papier timbré à 0,60, sera déposé aux greffes de la justice de paix et du tribunal de commerce ou du tribunal civil, et une publication sera faite dans un journal désigné pour recevoir les annonces légales.

Conseil de surveillance.

Le conseil de surveillance se réunit le premier dimanche de chaque mois et toutes les fois que le conseil d'administration le juge utile, pour délibérer sur des demandes de prêts, ou pour procéder à des enquêtes spéciales. Le conseil de surveillance vérifie la comptabilité, la caisse, le portefeuille, examine l'importance des engagements et la valeur des signatures des emprunteurs, s'assure si les prêts accordés ont reçu l'affectations indiquée dans chaque demande, et si l'ensemble des engagements ne dépasse pas le chiffre fixé par l'assemblée générale. Ses observations sont consignées dans un procès-verbal qui est communiqué au conseil d'administration.

Secrétaire-comptable.

M.....................................est chargé d'exercer les fonctions de secrétaire-comptable d'après les règles tracées par les statuts et par les délibérations du conseil d'administration. Il doit s'occuper avec zèle des intérêts de la Caisse, tenir la comptabilité constamment à jour, faire une fois par quinzaine le relevé des valeurs en portefeuille, soumettre à chaque séance du conseil d'administration un état de la situation de la Caisse, veiller à la rentrée régulière des effets, tenir la correspondance, assister aux séances du conseil d'administration, aux assemblées générales, et en rédiger les procès-verbaux respectifs.

Il dresse à la fin de chaque exercice un inventaire des dettes actives et passives de la société; l'inventaire est complété par le bilan. Il est soumis au conseil d'administration et à la commission de surveillance avant le 31 août de chaque année.

Le bilan comprendra à *l'actif :*

L'encaisse,

Le montant des prêts accordés aux sociétaires,

Les créances diverses,

Les intérêts non échus sur les prêts contractés ;

Au passif :

Les dépôts d'épargne,

Les dépots à échéance,

Les emprunts contractés par la Caisse,

Le fonds de réserve,

Les intérêts non échus sur les prêts accordés,

Les bénéfices nets.

Des Dépôts.

La Caisse reçoit des dépôts en comptes d'épargne et à échéance fixe.

a) Comptes d'épargne

On verse à partir de .... jusqu'à ...... par semaine. Les versements et les remboursements sont inscrits sur des carnets nominatifs, qui seront déposés à la Caisse le 30 juin et le 31 décembre de chaque année pour la liquidation des intérêts. Le maximum de chaque carnet est fixé à .... fr.

La Caisse rembourse jusqu'à 20 fr. à vue,

De 21 à 100 fr. avec 5 jours de préavis,

De 101 à 200 fr. avec 10 — —

De 201 fr. en sus avec 15 — —

Le montant total des dépôts d'épargne que la Caisse pourra recevoir pendant l'année et l'intérêt à bonifier sont fixés chaque année par délibération de l'assemblée générale.

Pour l'exercice en cours, le total des dépôts d'épargne est fixé à fr. .... et le taux à leur bonifier à ....

b) **Dépôts à échéance fixe.**

La Caisse reçoit des dépôts à échéance fixe depuis six mois jusqu'à cinq ans dans les proportions et aux conditions suivantes établies par l'assemblée générale :

à 6 mois... %	à 1 an... %	à 2 ans... %
à 3 ans..... %	à 4 ans... %	à 5 ans... %

Le maximum de chaque dépôt est fixé à .... francs, le total des dépôts à échéance ne pourra pas dépasser .... francs.

Les intérêts sont payés une fois par an. Le déposant reçoit un bon signé par deux administrateurs et par le secrétaire-comptable.

Des prêts.

Les demandes de prêts doivent être faites par écrit, et contiendront l'objet du prêt avec l'engagement de rembourser immédiatement la Caisse dans le cas où l'emprunteur ferait de l'argent emprunté un autre usage que celui qui a motivé sa demande.

Les avances sont représentées par des billets à trois mois renouvelables. Les intérêts se payent d'avance. L'emprunteur écrira de sa main au bas du billet : « Bon pour (la somme empruntée) » et sa signature ; la caution écrira : « Bon pour caution de (la somme cautionnée) » et signera. Au cas où ils ne sauraient pas écrire les mentions ci-dessus, leur simple signature suffira, s'il s'agit de marchands, artisans, laboureurs, vignerons, gens de journée et de service (art. 1326 du Code civil).

Les emprunteurs peuvent se libérer par anticipation en prévenant la Caisse au moins 15 jours à l'avance. Il leur sera rétrocédé l'intérêt calculé au taux bonifié aux dépôts d'épargne pour le délai à courir.

Les cautions pourront s'obliger solidairement avec l'emprunteur.

On fera coïncider les échéances avec les jours d'ouverture de la Caisse. Les effets seront stipulés payables à la caisse sociale. Ils ne seront pas présentés au domicile des emprunteurs.

Dispositions diverses.

La Caisse est ouverte une fois par semaine le dimanche de .... à .... heures du.......... Les opérations sont présidées par deux administrateurs assistés d'un commissaire de surveillance.

Les administrateurs et les commissaires sont passibles d'une amende calculée à raison de fr.......... par absence toutes les fois qu'ils manquent, sans motif légitime et sans en avoir informé au préalable le président, aux séances réglementaires, ainsi qu'aux réunions auxquelles ils auraient été délégués pour présider aux opérations de la Caisse.

Fait à .... le 189

DEUXIÈME PARTIE

LES CAISSES AGRICOLES A SOLIDARITÉ AVEC PARTS

LES CAISSES AGRICOLES

A SOLIDARITÉ AVEC PARTS

1° Les parts de capital. — 2° L'épargne est une des assises de la coopération. — 3° Questions de légalité. — 4° Les parts de capital développent le sentiment de la responsabilité, aident au bon fonctionnement de la Caisse, et n'entachent en rien la pureté du système Raiffeisen.

1. — Les premières caisses à solidarité fondées en France se sont constituées d'après le type primitif Raiffeisen, c'est-à-dire sans parts de capital. En adoptant ce principe, Raiffeisen estimait qu'au point de vue des garanties à offrir au public, la solidarité des membres était suffisante. Il avait surtout en vue d'écarter de ses associations toute idée de lucre, toute pensée de spéculation. C'est évidemment l'esprit qu'il faut maintenir à ces institutions. On a dit aussi qu'il répugnait à l'agriculteur de distraire une fraction de ses épargnes pour la convertir en parts d'une société, et que les économies du paysan avaient une caisse d'épargne toujours prête à les absorber, la terre. Nous ne contestons pas qu'il n'y ait là quelque chose de vrai, et l'objection serait juste s'il s'agissait pour l'agriculteur de débourser de suite une certaine somme, de l'immobiliser, de s'en priver définitivement.

Tel n'est pas le cas. Il s'agit de la formation d'un tout petit capital.

Le petit commerçant, le petit industriel ne se trouvent-ils pas dans la même situation pécuniaire que le cultivateur? Et cependant cela ne les empêche pas de s'inscrire comme sociétaires d'une banque populaire, d'affecter chaque mois quelques francs au paiement des parts souscrites, et loin d'amoindrir leurs ressources financières, de les multiplier par ce moyen. Une telle participation à la formation du capital d'une modeste société coopérative ne saurait présenter aucun des inconvénients signalés; au contraire, elle ne peut que fortifier l'association et faciliter la réalisation de son objet.

2. — Une des assises principales de la coopération de crédit est l'épargne. C'est surtout celui qui a la force de s'imposer un sacrifice, de se priver momentanément, qui sait en un mot faire acte de prévoyance, qui est digne d'inspirer la confiance. Au surplus, il ne s'agit pas de se dessaisir d'un coup de sommes importantes, mais bien au contraire, de se constituer insensiblement un petit noyau d'épargne qui est destiné à devenir le point de départ de l'amélioration économique de l'agriculteur.

Au fond, que demande la société? Elle demande le sacrifice de quelques petites dépenses, souvent inutiles, sinon nuisibles. Par ce moyen, elle rend quelquefois un double service à la bourse et à la santé de ses membres.

La formation d'un petit capital en parts, ainsi comprise, n'altère en rien le principe d'absence de toute idée de lucre et de spéculation, qui est une des caractéristiques du système Raiffeisen. La participation dans la constitution de ce capital sera aussi réduite que possible. C'est aux promoteurs qu'il appartiendra d'en fixer l'importance. Ils auront soin d'accorder aux souscripteurs de larges facilités pour s'acquitter, en établissant, par exemple, des versements mensuels minimes. Les parts devraient être uniformes, et personne ne devrait avoir le droit d'en posséder plus d'une. Les parts recevraient une légère rétribution annuelle, qui, d'après nous, ne devrait pas dépasser le taux moyen de l'intérêt alloué aux dépôts d'épargne pendant l'année.

3. — Au surplus, on aurait pu laisser cette question dans l'ombre, si une controverse ne s'était élevée depuis quelque temps au sujet de la légalité des caisses n'ayant pas de parts de capital. Quelques juristes distingués ont cru pouvoir la contester. Nous ne sommes pas de ce nombre, mais il nous semble cependant utile de nous arrêter un instant sur les arguments qu'ils ont allégués à l'appui de leur thèse. Le principal est que la société sans parts serait sans capital, et qu'une société sans capital manque d'un des éléments essentiels requis par la loi pour la constitution de toute société. D'après l'art. 1832 du Code civil et les commentaires auxquels il a donné lieu, il ne peut y avoir de société régulièrement constituée sans que les sociétaires ne fassent des

apports. Ces apports peuvent consister dans la mise en commun soit d'argent, soit de valeurs, soit de toute autre espèce de bien.

On a dit aussi que cette forme de sociétés viole les dispositions de la loi du 24 juillet 1867 concernant la composition des assemblées générales, et que ces sociétés ne peuvent pas prendre une dénomination sociale, vu que d'après l'art. 21 du Code de commerce, les noms des associés peuvent seuls faire partie de la raison sociale.

A la première de ces objections on répond, avec raison, que les apports exigés par la loi ne manquent pas dans ces associations, qu'au contraire ces apports y sont représentés dans leur plus large expression par le fait de l'adoption de la forme de la société en nom collectif, le patrimoine entier des sociétaires devenant pour ainsi dire l'apport social, et le capital étant représenté en outre par le fonds de réserve intangible.

Il n'est du reste pas nécessaire de faire figurer dans l'acte constitutif un chiffre de capital quelconque. Il ne faut pas oublier qu'il s'agit de sociétés en nom collectif. Or, qu'exige l'art. 1832 du Code civil ? Il exige des apports pouvant consister dans la mise en commun soit d'argent, soit de valeurs, soit de toute autre espèce de bien. Dans les caisses agricoles à solidarité, les sociétaires font l'apport de tous leurs biens ; on ne saurait donc raisonnablement soutenir qu'elles ne sont pas sur ce point en règle avec la loi.

En ce qui concerne la composition des assemblées générales, il ne faut pas confondre les règles édictées pour les sociétés par actions avec celles qui régissent les sociétés en nom collectif.

Les caisses agricoles sont des sociétés en nom collectif à capital variable. Le titre III de la loi du 24 juillet 1867, art. 48, soumet aux dispositions des articles suivants ces sociétés ; mais il ajoute : *indépendamment des règles qui leur sont propres suivant leur forme spéciale.* Par conséquent, les règles propres aux sociétés anonymes et aux sociétés en commandite par actions ne sauraient nullement s'appliquer aux sociétés en nom collectif, qui sont, elles, régies par les règles qui leur sont propres suivant leur forme spéciale.

Quant à la dernière objection, celle qui a trait à la dénomination sociale, il a été répondu : dès lors qu'il est reconnu que les règles propres aux sociétés à capital et à personnel variable peuvent se combiner avec celles des sociétés en nom collectif, dès lors que d'après l'art. 53 de la loi du 24 juillet 1867 (titre III, dispositions particulières aux sociétés à capital variable) *la société, quelle que soit sa forme, est valablement représentée en justice par ses administrateurs*, la société en nom collectif à capital variable étant administrée par un conseil d'administration, et les règles concernant les sociétés anonymes lui étant sur ce point applicables, elle peut prendre une dénomination sociale. D'autre part, le personnel étant variable, s'il en était autrement, ces sociétés seraient obligées à chaque instant de modifier leur dénomination sociale.

Mais à côté des objections qui précèdent, il y a un point sur lequel nous devons nous arrêter un instant. Il s'agit d'une objection nouvelle, la plus sérieuse peut-être, à notre avis, celle de l'absence de toute répartition de bénéfices, disposition qui serait contraire à l'esprit de la législation française.

En effet, d'après l'art. 1832 du Code civil, toute société doit avoir en vue de partager un bénéfice. C'est un principe nettement posé, et que l'on ne saurait enfreindre, semble-t-il, sans entacher l'existence régulière d'une société. Un grand nombre de caisses agricoles fondées jusqu'à ce jour ont adopté les purs principes de Raiffeisen, elles se sont interdit toute distribution de bénéfices. C'est une dérogation aux principes fondamentaux de notre législation. Les associations ainsi établies constituent ce que l'on appelle des contrats innomés. Il n'est pas douteux que mieux vaut se conformer à la loi, et préférer à des contrats innomés des sociétés légalement constituées.

Dans nos statuts-types, nous avons établi qu'une faible partie des bénéfices sera distribuée parmi les sociétaires, et que le surplus sera affecté au fonds de réserve.

En l'état du développement spontané des associations Raiffeisen, nous préférerions que les interprétations qui précèdent concernant l'absence de parts de capital et la dénomination sociale fussent sanctionnées par des textes de loi précis. C'est dans ce but que nous avons porté la question des modifications à apporter à la loi devant le VIIIe Congrès du crédit populaire tenu à Caen en mai 1896. Nous avons demandé, entre autres, que le titre III de la loi du 24 juillet 1867 soit complété par l'addition de plusieurs dispositions nouvelles, parmi lesquelles la suivante intéressant plus particulièrement les caisses agricoles :

« Les sociétés à capital variable peuvent se constituer sous la forme de sociétés à responsabilité limitée à une ou plusieurs fois la part sociale, ou sous celle de sociétés à responsabilité illimitée; dans ce dernier cas, elles peuvent se constituer sans capital et adopter une dénomination indiquant uniquement leur objet ».

4. — La part de capital, si minime qu'elle soit, contribue à stimuler le sentiment de la responsabilité des sociétaires, point d'une réelle importance. Ce sentiment de la responsabilité doit être toujours tenu en éveil, car il assure le fonctionnement régulier de l'association, empêche de se hasarder à la légère, sauvegarde les intérêts généraux des sociétaires, et constitue un excellent frein et le meilleur des contrôles. C'est à son jeu régulier et incessant qu'est dû le crédit dont jouissent les caisses Raiffeisen, et qui s'est développé au point de les voir dans les moments de crise préférées par l'épargne aux autres institutions. Certes ce n'est pas seulement une faible mise de fonds qui pourra l'engendrer et l'entretenir, la mise en commun des biens des sociétaires par la solidarité acceptée par eux y suffit; mais un apport en espèces, quoique minime ajoutera encore au sentiment de la responsabilité et renforcera les liens qui unissent les sociétaires à l'institution.

D'autre part, par la formation d'un petit capital social, on se trouve de suite en présence de quelques fonds, ce qui ne nuit jamais dans les débuts, car il faut faire face aux frais de constitution, d'organisation, etc. Ces frais sont minimes; mais on doit pouvoir les couvrir, et il peut déplaire d'emprunter pour commencer à vivre. Il est vrai que le Gouvernement donnant satisfaction aux vœux de nos Congrès, en ce qui concerne l'aide légitime à donner par lui aux sociétés coopératives de crédit, encourage depuis plusieurs années par de petites subventions initiales destinées à couvrir leurs premiers frais celles qui lui paraissent reposer sur les principes vrais de la coopération et être exemptes de toutes arrières-pensées politiques ou confessionnelles. Il y a lieu de lui en savoir gré : car dans un pays où l'initiative individuelle est lente à s'ébranler, où il n'existe pas le libre emploi de l'épargne populaire, où ont manqué jusqu'à ces dernières années les institutions patronnant la naissance d'associations de ce genre (1), ces encouragements sont excellents; ils leur permettent de débuter sans traîner derrière elles aucune dette, et d'accumuler avec moins de lenteur le fonds de réserve dont nous avons signalé l'importance. La constitution d'un modeste fonds social, comme l'a écrit l'éminent président de l'Union des syndicats des agriculteurs de France, M. Le Trésor de la Rocque, matérialisera en quelque sorte l'engagement pris par les sociétaires et lui donnera une forme propre à appeler leur attention sur les conséquences de la signature donnée. A qui n'a rien, la solidarité ne dit pas grand chose ; pour qui espère économiser une part de cinquante francs, la responsabilité devient une réalité dont il suit l'application avec plus de sollicitude.

La constitution de caisses agricoles à solidarité, avec faibles parts comme du reste en Allemagne, et avec répartition modique de bénéfices, nous paraît en conséquence devoir être signalée comme une forme intéressante. L'introduction d'un modeste fonds social et d'une légère répartition des bénéfices ne sauraient entacher en rien la pureté du système préconisé. Raiffeisen lui-même, obligé par la loi allemande du 1er octobre 1889 à doter ses caisses d'un capital, l'a fait dans des conditions qui ne portent aucune atteinte à l'esprit d'absence de lucre et de caractère spéculatif qui en constituent des traits caractéristiques. Quant à la distribution d'une part des bénéfices, nous la jugeons bonne pour que ces associations ne soient pas en opposition avec les dispositions juridiques fondamentales qui régissent en France le contrat de société.

---

(1) Depuis 1893, la Banque populaire de Menton patronne le mouvement de diffusion de sociétés de crédit agricole dans les Alpes-Maritimes. Dix caisses agricoles et une banque populaire à type mixte urbain et agricole s'y sont déjà fondées. Elle leur accorde des avances à 4 % par an, et reçoit en dépôt leurs excédants de caisse à un taux supérieur à celui alloué par les caisses à leurs déposants, de façon à leur éviter de subir une perte quelconque et à leur permettre de réaliser sur ces fonds un petit bénéfice. Le total des avances qu'elle a accordées à ces 10 caisses pendant l'année dernière a été de fr. 74.545. Ces institutions sont fédérées autour d'elle et forment un Groupe départemental.

La Caisse d'épargne de Marseille depuis 1894 a secondé par des prêts-subventions la constitution de caisses agricoles dans les Bouches-du-Rhône. Des caisses agricoles se sont créées à Trets, à Fuveau, et une société sur le type de la loi du 5 novembre 1894 à Aix. A l'occasion de la commémoration de sa 75e année d'existence, la Caisse d'épargne de Marseille a affecté une somme de fr. 20.000 à 10 prêts-subventions à accorder à 10 nouvelles caisses agricoles qui s'établiraient dans des localités où elle a des succursales. A l'heure actuelle, de nouvelles caisses agricoles se sont fondées à Châteaurenard, à Salon, à Eyguières et à Mallemort.

La Caisse d'épargne de Lyon a patronné la création des banques agricoles de Bessenay, de Mornant, de Belleville-sur-Saône. Elle leur accorde des prêts jusqu'à concurrence du double de leur capital.

PROJET DE STATUTS D'UNE CAISSE AGRICOLE

A CAPITAL VARIABLE ET A RESPONSABILITÉ SOLIDAIRE

§ I.

Il est formé entre les soussignés et ceux qui adhéreront aux présents statuts une société en nom collectif à capital variable, qui prend la dénomination de *Caisse agricole coopérative de*..

Le but de la société est de faciliter le crédit, d'encourager l'épargne et de contribuer par ces moyens au bien-être matériel et moral de ses membres.

La société aura une durée illimitée.

Le siège de la société est à..

§ II.

Des opérations de la Société.

La société consent des prêts depuis trois mois jusqu'à deux ans sur garanties, cautions, nantissements ou hypothèques; cependant les prêts de 200 francs et au-dessous, jusqu'à échéance de six mois, pourront être accordés sur la seule signature du sociétaire emprunteur.

Les prêts seront toujours représentés par des billets à ordre, à trois mois, renouvelables, avec ou sans amortissement, dans les conditions déterminées par le conseil d'administration.

Chaque demande énoncera l'objet du prêt et sa durée. Le conseil d'administration ne pourra accorder des prêts que s'il a la conviction absolue que la somme avancée permettra à l'emprunteur de rembourser la caisse et de réaliser un bénéfice. Il a le droit d'exiger, à n'importe quel moment, le remboursement des prêts que les sociétaires n'auraient pas affectés à l'usage déclaré dans la demande d'emprunt. Il devra suspendre toutes opérations avec ces derniers et proposer à la prochaine assemblée générale leur exclusion de la société.

Il pourra également demander des cautions supplémentaires, et, à défaut, opérer la rentrée de celles des avances qui ne lui paraîtraient pas suffisamment garanties.

La société se réserve le droit d'exiger avant l'échéance le remboursement intégral des avances faites à ses sociétaires, mais seulement dans le cas où les emprunts par elle contractés seraient dénoncés en totalité.

La société ne fait des prêts qu'à ses membres.

Les capitaux nécessaires au fonctionnement de la société sont fournis :

a) Par les parts d'intérêt des sociétaires ;

b) Par les dépôts à vue et à échéance qu'elle est autorisée à recevoir ;

c) Par les emprunts qu'elle peut contracter ;

d) Par le réescompte de son portefeuille ;

e) Par les bénéfices et toute autre ressource éventuelle.

La société s'interdit formellement toute affaire aléatoire.

Elle peut verser les fonds dont elle n'aurait pas l'emploi immédiat à une caisse d'épargne ou à une banque populaire notoirement solvable.

§ III.

Du Capital social.

Le capital de fondation est fixé à .... composé de .... parts d'intérêt de francs .... par chaque sociétaire, payables à raison de .... par mois.

Chaque sociétaire ne peut avoir qu'une part.

Le capital pourra être augmenté par l'admission de nouveaux sociétaires par simple délibération du conseil d'administration jusqu'à concurrence de fr. ....

Au-dessus de ce chiffre, les augmentations devront être autorisées par une délibération de l'assemblée générale.

Le capital peut être réduit :

a) Par le remboursement des parts d'intérêt des sociétaires démissionnaires ;

b) Par l'annulation des parts d'intérêt des sociétaires exclus.

Les parts sont constatées par une inscription sur le registre des sociétaires signée par le sociétaire et par deux administrateurs en cas d'entrée ou de démission, et par deux administrateurs seulement en cas d'exclusion ou de décès.

Elles ne peuvent pas être transférées.

§ IV.

Des Sociétaires.

La société n'admet dans son sein que les personnes majeures, jouissant de leurs droits civils, ayant une bonne réputation et habitant la commune de .... ou y étant inscrites au rôle de l'impôt foncier.

Les demandes d'admission sont adressées au conseil d'administration, qui a le pouvoir de les accepter ou de les repousser. Le candidat non admis peut en appeler à l'assemblée générale, qui statue en dernier ressort.

On perd la qualité de sociétaire :

a) Par la sortie volontaire, en prévenant par écrit le conseil dans les six premiers mois de l'exercice social. La sortie n'a d'effet qu'après l'assemblée générale ayant approuvé les comptes annuels ;

b) Par décès ;

c) Par changement de domicile, à moins que le sociétaire ne demeure propriétaire dans la commune ;

d) Par exclusion.

Le conseil d'administration pourra exclure les sociétaires :

a) Qui auraient subi des peines correctionnelles ou criminelles ;

b) Qui se seraient laissés poursuivre faute de paiement de leurs dettes envers la société ;

c) Qui seraient en état de déconfiture.

Les exclusions prononcées par le conseil d'administration pourront, sur la demande écrite des sociétaires exclus, être portées en appel devant l'assemblée générale, qui statuera en dernier ressort.

Les sociétaires exclus n'auront aucun recours contre la société. Leurs parts d'intérêt seront annulées, et le montant sera porté au fonds de réserve.

Les sociétaires démissionnaires n'ont droit qu'au remboursement de leurs parts d'intérêt calculées d'après le dernier inventaire, et payables six moix après la date de son arrêté.

En cas de décès d'un sociétaire, sa part d'intérêt est mise à la disposition de ses ayants droit dans les mêmes conditions que pour les sociétaires démissionnaires.

La part étant indivisible et la société ne reconnaissant qu'un seul propriétaire par part, les héritiers devront faire agréer par la société l'un d'entre eux qui remplacera nominalement le défunt.

En cas de décès ou de faillite d'un sociétaire, il ne peut être requis contre la société ni appositions de scellés, ni inventaire, et nul ne peut s'immiscer dans l'administration.

Le remboursement des parts ne peut avoir lieu qu'après compensation de ce qui peut rester dû à la société par le sociétaire sortant.

Tout solde dû au sociétaire sorti et non réclamé dans les cinq ans est acquis à la société et porté à la réserve.

Les sociétaires démissionnaires ou exclus ne sont tenus que des dettes antérieures à leur sortie effective de la société. Cette responsabilité est soumise à la prescription quinquennale.

Les sociétaires ont le droit :

a) De prendre part, en personne aux assemblées générales. Les sociétaires qui n'interviennent pas aux assemblées sans motif plausible agréé par le conseil d'administration, sont passibles d'une amende calculée à raison de... par absence ;

b) D'obtenir des prêts dans les conditions prévues par les statuts ;

c) De verser dans la caisse sociale des fonds productifs d'intérêts ;

d) De contrôler l'emploi des avances obtenues par d'autres sociétaires.

Les sociétaires ont l'obligation :

a) De verser à la caisse sociale les parts d'intérêt fixées ;

b) De répondre sur tous leurs biens des obligations de la société par parts viriles entre eux, et solidairement vis-à-vis des tiers ;

c) D'observer les statuts et règlements sociaux, d'assister aux assemblées générales et de favoriser, par tous les moyens en leur pouvoir, les intérêts de la société.

§ V.

Administration.

La société est administrée et surveillée par :

a) Le conseil d'administration ;

b) Le conseil de surveillance ;

c) L'assemblée générale ;

d) Le secrétaire-comptable. Cette seule charge pourra être rétribuée. Les autres sont entièrement gratuites.

a) Conseil d'administration.

Le conseil d'administration se compose de trois membres au moins, qui choisissent entre eux un président. Ce nombre peut être augmenté en cas de besoin constaté. Ils restent en fonction pendant trois ans et sont renouvelables par tiers chaque année.

Le renouvellement est fixé par un tirage au sort pendant les deux premières années.

En cas de décès, démission ou empêchement durable d'un administrateur, le conseil choisit un administrateur provisoire, dont la nomination sera soumise à la ratification de la prochaine assemblée générale.

Le conseil se réunit au moins une fois par semaine. Les délibérations sont prises à la majorité des voix.

Le secrétaire-comptable assiste aux séances avec voix consultative, à moins que le conseil ne décide de délibérer hors sa présence.

Le conseil est investi des pouvoirs les plus étendus. Tout ce qui n'est pas réservé expressément à l'assemblée générale est de sa compétence, et notamment :

a) Il statue sur les admissions et exclusions des sociétaires, sur les demandes de prêts, il examine et surveille l'emploi des sommes avancées et veille à leur rentrée ;

b) Il contracte les emprunts dans les limites fixées par l'assemblée générale ;

c) Il fixe les dépenses d'administration, surveille la comptabilité, arrête les bilans à soumettre à l'assemblée générale ;

d) Il nomme le secrétaire-comptable ;

e) Il plaide, transige, compromet, donne toutes mainlevées, intente et suit toutes actions judiciaires et autres, et généralement fait tout ce qui rentre dans l'objet de la société non prévu par les présentes. Toutefois, il se fait représenter en justice soit par le président, soit par le secrétaire-comptable.

f) Il convoque les assemblées générales ordinaires et extraordinaires, lorsque l'intérêt social l'exige.

Toutes les fois qu'il s'agira des intérêts d'un administrateur, ce dernier devra s'abstenir d'assister à la séance, et la délibération du conseil sera soumise à l'approbation du conseil de surveillance.

Tous les actes concernant la société devront porter la signature de deux administrateurs.

Les administrateurs ne contractent aucune obligation personnelle ou solidaire. Ils ne sont responsables que de l'exécution de leur mandat dans les termes du droit commun.

b) Conseil de surveillance.

Le conseil de surveillance se compose de trois sociétaires nommés par l'assemblée générale. Leurs fonctions durent une année. Ils sont rééligibles.

Ils veillent à l'exécution des statuts et des délibérations de l'assemblée générale. Ils vérifient la caisse, le portefeuille, la comptabilité. Ils surveillent l'emploi des fonds prêtés par la Caisse. Ils statuent sur les demandes d'emprunt présentées par des administrateurs, ainsi que sur leur admission comme cautions. Ils se réunissent au moins une fois par mois et dressent un procès-verbal contenant leurs observations. Ce procès-verbal est communiqué au conseil d'administration. Ils peuvent, s'ils le jugent utile, convoquer l'assemblée générale.

c) Assemblée générale.

L'assemblée générale se compose de tous les sociétaires. Elle se réunit deux fois par an, au printemps et en automne. Elle peut aussi être convoquée à titre extraordinaire par le conseil d'administration, par le conseil de surveillance, ou sur une demande écrite portant la signature du cinquième des sociétaires et indiquant les objets à traiter.

Les convocations ont lieu par lettres adressées à chaque sociétaire au moins quatre jours à l'avance et contenant l'ordre du jour. L'avis de convocation sera également affiché à la porte du siège social.

L'assemblée est présidée par le président du conseil d'administration assisté de deux scrutateurs choisis par elle. Le secrétaire-comptable remplit les fonctions de secrétaire

L'assemblée générale ne délibère valablement que si le nombre des présents atteint la moitié des sociétaires inscrits. Les procurations ne sont pas admises. A défaut, il sera convoqué une seconde assemblée générale dans le délai de huit jours. Les délibérations seront valables, quel que soit le nombre des présents.

Les délibérations sont prises à la majorité des voix, à mains levées, et avec contre-épreuve. Si la moitié des présents le demande, on procède au scrutin secret.

Chaque sociétaire n'a qu'une voix. En cas de partage, la voix du président est prépondérante.

L'assemblée générale du printemps prend connaissance des opérations effectuées pendant le premier semestre de l'exercice, et se prononce sur les questions qui lui seraient soumises par le conseil d'administration et notamment elle ratifie les nominations d'administrateurs prévues dans le troisième alinéa du § V, chapitre *a*), L'assemblée générale d'automne examine la gestion de l'exercice social, qui commence le 1er juillet et se termine le 30 juin de chaque année, et, après avoir entendu la lecture du rapport du conseil de surveillance, approuve, s'il y a lieu, les comptes qui lui sont soumis et en donne décharge au conseil.

Elle nomme les administrateurs et les commissaires de surveillance.

Elle détermine le maximum des emprunts et des engagements qui pourront être contractés, et le maximum du crédit qui pourra être consenti à un seul sociétaire pendant l'année.

Elle fixe le taux des dépôts et des avances.

Elle statue en dernier ressort sur les admissions et exclusions de sociétaires.

Elle fixe toutes les amendes qu'elle juge nécessaires, afin de pourvoir à la régularité de l'administration et des opérations sociales.

d) Secrétaire-comptable.

Le secrétaire-comptable exécute les décisions du conseil d'administration. Il est chargé de la tenue des livres et de la gestion de la caisse. Il prépare les inventaires et les comptes à présenter aux assemblées générales. Ces comptes doivent être soumis au conseil d'administration, avec tous les documents justificatifs, au plus tard le 31 août de chaque année. Le secrétaire-comptable est responsable de tous les documents, valeurs et espèces qui lui sont consignés.

Il remplit les fonctions de secrétaire du conseil d'administration et des assemblées générales.

§ VI.

Inventaire. — Bénéfices. — Réserve.

L'année sociale commence le 1er juillet et se termine le 30 juin.

A la fin de chaque exercice un inventaire est dressé, contenant les dettes actives et passives de la société. Cet inventaire est complété par le bilan.

Les bénéfices nets sont répartis de la façon suivante :

80 % à la réserve.

20 % aux sociétaires, sans toutefois que cette répartition puisse dépasser l'intérêt alloué dans l'année aux dépôts d'épargne. Le surplus, s'il y en a, est porté à la réserve.

Le fonds de réserve est indivisible. Lorsqu'il aura atteint un chiffre pouvant suffire aux besoins de la société, l'assemblée pourra décider qu'une partie des bénéfices annuels sera affectée à des œuvres d'utilité locale.

§ VII.

Dissolution. — Liquidation.

En cas de diminution du capital au-dessous du montant du capital de fondation, le conseil d'administration devra convoquer l'assemblée générale afin de statuer sur la continuation ou sur la dissolution de la société.

A l'expiration de la société, ou en cas de dissolution anticipée, le surplus de l'actif, y compris la réserve, seront affectés :

a) A la reconstitution de la société, si sept sociétaires le demandent ;

b) A défaut, aux œuvres d'amélioration sociale que l'assemblée indiquera.

§ VIII.

Contestations.

Toute contestation entre les sociétaires, ou entre eux et la société, sur l'exécution des présents statuts est soumise à la juridiction des tribunaux de commerce.

Les communications concernant des sociétaires qui, tout en étant propriétaires dans la commune, n'y habiteraient pas, leur seront valablement faites au siège social, à moins qu'il n'aient prévenu la société d'avoir fait élection de domicile dans la commune.

§ IX.

Dispositions diverses.

Les présents statuts, sauf en ce qui concerne la responsabilité illimitée des membres, l'indivisibilité de la réserve, la gratuité des fonctions administratives, dispositions qui ne pourront subir aucun changement, peuvent être modifiés sur la proposition du conseil d'administration par une assemblée générale extraordinaire, composée et délibérant dans les conditions prévues ci-après.

L'assemblée générale, qui aurait à statuer sur des modifications aux statuts, ou sur la dissolution anticipée de la société, devra se composer des trois quarts des sociétaires inscrits et délibérera à la majorité des quatre cinquièmes des présents.

Les actes concernant la société seront publiés dans un des journaux du département désignés pour recevoir les annonces légales.

Ils seront également communiqués au Centre Fédératif du crédit populaire en France.

Fait en autant d'exemplaires que de parties à..,
le...

Pour les formalités de constitution, procès-verbal d'assemblée générale constitutive, publication légale et règlement intérieur, voir p. 41 à 47.

TROISIÈME PARTIE

LES SOCIÉTÉS DE CRÉDIT AGRICOLE D'APRÈS LA LOI DU 5 NOVEMBRE 1894

LES SOCIÉTÉS DE CRÉDIT AGRICOLE

D'APRÈS LA LOI DU 5 NOVEMBRE 1894

1° L'organisation du crédit agricole par en bas. — 2° Les Syndicats agricoles. — 3° La loi du 5 novembre 1894 peut être avantageusement utilisée.

1. — Sans faire l'historique de cette loi que l'on pourra lire tout au long dans les volumes de nos congrès (1), nous nous bornons à constater que ses auteurs y ont consacré le principe que nous avons préconisé depuis notre premier congrès de 1889, et que nous avons réitéré dans les sept congrès suivants; la nécessité d'organiser le crédit agricole par en bas (2).

Ainsi que nous l'avons souvent démontré, ce n'est pas par de grandes institutions établies à Paris ou dans les grands centres que l'on peut distribuer utilement et sûrement le crédit à l'agriculture. Le principe de la centralisation du crédit, si imparfait et si contestable à tant de titres, est absolument inapplicable lorsqu'il s'agit de faire du crédit à l'agriculture. Nous avons souvent dit que l'agriculteur seul peut être son véritable banquier. Le crédit agricole, c'est l'agriculteur. En effet, il faut à l'agriculture des organismes spéciaux de crédit, modestes, sans but spéculatif, placés en contact direct avec les emprunteurs, stimulant effica-

(1) Comptes rendus des huit Congrès du crédit populaire, en vente à la Banque populaire de Menton.
(2) Voir Actes du Congrès de Marseille, p. 128.

cement la responsabilité de leurs membres, administrés par des agriculteurs, car seuls ils sont à même d'apprécier avec précision le crédit de leurs confrères. Ces organismes sont le fruit d'une décentralisation absolue de l'épargne et du crédit. La coopération en est l'essence. Ils fonctionnent d'une façon simple et sûre, multiplient efficacement les services à rendre à leurs membres, ainsi que le prouve l'expérience à demi séculaire des institutions coopératives de types divers qui repandent leurs bienfaits dans les principaux pays du monde.

2. — Lors de notre premier congrès précité, nous avions également signalé le rôle des syndicats agricoles dans l'organisation du crédit à l'agriculture. Ces familles élargies d'agriculteurs qui pratiquent si intelligemment l'association, qui étudient leurs besoins réciproques et s'efforcent habilement d'y pourvoir, qui répondent à la fois à un but économique, éducatif et social, nous paraissent désignées pour devenir les promotrices de sociétés de crédit agricoles latérales, autonomes et distinctes.

Les syndicats présentent en outre un avantage appréciable. Ayant déjà choisi leurs membres, ils procurent aux sociétés de crédit qui se forment sous leurs auspices des adhérents de choix, point essentiel, car on ne doit admettre dans une association coopérative de crédit que des personnes jouissant d'une bonne moralité et ayant de bons antécédents. Il existe ensuite des liens étroits entre les syndicats et les sociétés de crédit agricole, de sorte que ces deux organismes se pénètrent et se complètent mutuellement. Nous ne cesserons de répéter que pour pratiquer le crédit agricole avec discernement et avec sécurité, il faut être en mesure de connaître à l'avance l'objet des emprunts et de contrôler avec précision l'emploi des fonds empruntés. Le syndicat est le contrôle naturel tout désigné. Se chargeant d'approvisionner les agriculteurs de toutes les matières premières, engrais, semences, machines, bestiaux, etc., il arrivera que le plus souvent l'argent ne fera que sortir du coffre de la société de crédit pour rentrer dans celui du syndicat. Le contrôle s'exerce par suite spontanément et avec sûreté; mais il y a plus. Les deux institutions, fonctionnant conjointement dans un même but, procureront à leurs membres un double bénéfice. En effet, il est vrai qu'en empruntant à la caisse pour ses achats de matières premières, l'agriculteur aurait pu, en payant comptant, choisir son fournisseur et bénéficier d'un escompte ; mais le profit réalisé n'aurait jamais été aussi important que s'il avait fait ses acquisitions au syndicat, qui lui offre en plus cet immense avantage de lui livrer des produits purs et de choix, à des conditions on ne peut plus réduites, de sorte que l'économie réalisée devient considérable, et nous avons pu souvent constater qu'elle s'élève dans certains cas de 15 à 20 %.

Les syndicats agricoles répondent à un vrai besoin de notre temps. Les faits ne cessent de nous démontrer que les agriculteurs isolés ne peuvent plus réagir contre les conséquences de la crise qui les éprouve depuis de si longues années. Seule l'association des intelligences et des énergies permet de soutenir la lutte. Les syndicats agricoles ont parfaitement réussi. Ils ont aidé notre agriculture à se relever, à se reconstituer ; leur programme est des plus utiles, et les hommes de bonne volonté doivent aider à leur propagation.

Leur nombre actuel, environ 1500, et leur chiffre annuel d'affaires témoignent de leur utilité et des services qu'ils rendent. Mais les syndicats ne peuvent, en principe, vendre à crédit ; ils devraient toujours traiter au comptant. Dans ces conditions, la classe la plus intéressante, celle des petits cultivateurs, qui ne disposent pas souvent de ressources suffisantes, ne peut pas y avoir recours. Les syndicats perdent de ce fait une excellente occasion d'augmenter le nombre de leurs membres, le chiffre de leurs affaires, en même temps que de se démocratiser. D'autre part, dans les moments difficiles, lorsque à la suite de mauvaises récoltes le besoin de crédit se fait plus sentir, un certain nombre de syndiqués, ne pouvant payer comptant, seraient obligés de retourner chez les anciens fournisseurs juste au moment où le syndicat devrait leur être le plus utile. C'est pour obvier à cet état de choses que des syndicats ont depuis quelque temps déjà organisé le crédit sous des formes diverses dont nous avons signalé les plus intéressantes au Congrès de Caen (1). Il s'agit maintenant d'élargir le champ d'action des syndicats, et de les amener à se faire les promoteurs de sociétés de crédit latérales, autonomes et distinctes, non d'après un

(1) Modes divers d'organisation du crédit agricole par l'initiative privée (Imprimerie coopérative mentonnaise).

moule unique, mais suivant les types répondant le mieux aux besoins de chaque localité. Le crédit agricole doit permettre au cultivateur de perfectionner ses cultures, d'augmenter le rendement de ses terres, d'améliorer sa situation ; les syndicats agricoles se proposent un but similaire, de sorte que les deux organismes sont indispensables pour l'atteindre complètement. Syndicats et sociétés de crédit agricole doivent marcher de pair. C'est ainsi que le VIIe Congrès du crédit populaire et agricole, tenu à Nîmes en 1895, a émis le vœu que les syndicats agricoles se fassent les promoteurs de sociétés de crédit, et que des syndicats se forment partout où l'on établit des sociétés de crédit (2). Et le Groupe départemental des sociétés de crédit populaire des Alpes-Maritimes, dans sa première session, conseillait aux caisses agricoles établies dans des communes dépourvues d'un syndicat de s'en faire les promotrices, estimant que les deux institutions ayant le même objet ont intérêt à fonctionner de concert.

3. — Une loi spéciale n'était pas indispensable pour arriver à obtenir le concours des syndicats agricoles dans l'organisation du crédit rural. Nous estimons qu'il y a plutôt là une question de solidarité et d'initiative. D'autre part, la loi du 24 juillet 1867 nous permet de nous assimiler les divers systèmes de sociétés coopératives appliqués à l'étranger. A côté des critiques qu'elle a soulevées, la loi du 5 novembre 1894 contient quelques dispositions sages, telles que l'absence de dividende, l'affectation des trois quarts des bénéfices au fonds de réserve, la répartition facultative du surplus des bénéfices entre les syndicats et les membres des syndicats au prorata des prélèvements faits sur leurs opérations, l'exemption du droit de patente et de l'impôt sur les valeurs mobilières, la possibilité de constituer des sociétés avec responsabilité limitée à une ou plusieurs fois le montant des parts souscrites, forme nouvelle que nos lois actuelles n'avaient pas autorisée, la limitation de la responsabilité du sociétaire sortant à la liquidation des opérations contractées antérieurement à sa sortie, etc. Au surplus, cette loi rappelle aux syndicats l'intérêt qu'il y a pour eux à se faire les promoteurs de sociétés de crédit. Elle se prête à l'organisation

(2) Voir actes du Congrès de Nîmes (Imprimerie coopérative montonnaise), p. 212.

de sociétés à capital fixe, à capital variable, sans parts de capital, à solidarité limitée, mixte et illimitée. Comme l'a dit M. Mir, rapporteur à la Chambre des Députés, on peut faire rentrer dans son cadre tous les types de sociétés compatibles avec les dispositions légales de notre droit. Elle peut être avantageusement utilisée par les syndicats, et elle facilitera la tâche des promoteurs de sociétés de crédit agricole qui voudraient du même coup organiser des syndicats latéraux et combiner dès leur naissance les efforts de ces deux organes si utiles et si intimement liés.

LOI DU 5 NOVEMBRE 1894

RELATIVE A LA CRÉATION DE SOCIÉTÉS DE CRÉDIT AGRICOLE

ARTICLE PREMIER. — Des sociétés de crédit agricole peuvent être constituées, soit par la totalité des membres d'un ou de plusieurs syndicats professionnels agricoles, soit par une partie des membres de ces syndicats; elles ont exclusivement pour objet de faciliter et même de garantir les opérations concernant l'industrie agricole et effectuées par ces syndicats ou par des membres de ces syndicats.

Ces sociétés peuvent recevoir des dépôts de fonds en comptes courants avec ou sans intérêts, se charger, relativement aux opérations concernant l'industrie agricole, des recouvrements et des payements à faire pour les syndicats et pour les membres de ces syndicats. Elles peuvent notamment contracter les emprunts nécessaires pour constituer ou augmenter leurs fonds de roulement.

Le capital social ne peut être formé par des souscriptions d'actions. Il pourra être constitué à l'aide de souscriptions des membres de la société ; ces souscriptions formeront des parts, qui pourront être de valeur inégale; elles seront nominatives et ne seront transmissibles que par voie de cession aux membres des syndicats et avec l'agrément de la société.

La société ne pourra être constituée qu'après versement du quart du capital souscrit.

Dans le cas où la société serait constituée sous la forme de société à capital variable, le capital ne pourra être réduit par les reprises des apports des sociétaires sortants au-dessous du montant du capital de fondation.

ART. 2. — Les statuts détermineront le siège et le mode d'administration de la société de crédit, les conditions nécessaires à la modification de ses statuts et à la dissolution de la société, la composition du capital et la proportion dans laquelle chacun de ses membres contribuera à sa constitution.

Ils détermineront le maximum des dépôts à recevoir en comptes-courants.

Ils règleront l'étendue et les conditions de la responsabilité qui incombera à chacun des sociétaires dans les engagements pris par la société.

Les sociétaires ne pourront être libérés de leurs engagements qu'après la liquidation des opérations contractées par la société antérieurement à leur sortie.

ART. 3. — Les statuts détermineront les prélèvements qui seront opérés au profit de la société sur les opérations faites par elle.

Les sommes résultant de ces prélèvements, après acquittement des frais généraux et payement des intérêts des emprunts et du capital social, seront d'abord affectées, jusqu'à concurrence des trois quarts au moins, à la constitution d'un fonds de réserve, jusqu'à ce qu'il ait atteint au moins la moitié de ce capital.

Le surplus pourra être réparti, à la fin de chaque exercice, entre les syndicats et entre les membres des syndicats, au prorata des prélèvements faits sur leurs opérations. Il ne pourra, en aucun cas, être partagé, sous forme de dividende, entre les membres de la société.

A la dissolution de la société, ce fonds de réserve et le reste de l'actif seront partagés entre les sociétaires, proportionnellement à leur souscription, à moins que les statuts n'en aient affecté l'emploi à une œuvre d'intérêt agricole.

Art. 4. — Les sociétés de crédit autorisées par la présente loi sont des sociétés commerciales dont les livres doivent être tenus conformément aux prescriptions du code de commerce.

Elles sont exemptes du droit de patente ainsi que de l'impôt sur les valeurs mobilières.

Art. 5. — Les conditions de publicité prescrites pour les sociétés commerciales ordinaires seront remplacées par les dispositions suivantes :

Avant toute opération, les statuts, avec la liste complète des administrateurs ou directeurs et des sociétaires, indiquant leurs noms, profession, domicile et le montant de chaque souscription, seront déposés, en double exemplaire, au greffe de la justice de paix du canton où la société a son siège principal ; il en sera donné récépissé.

Un des exemplaires des statuts et de la liste des membres de la société sera, par les soins du juge de paix, déposé au greffe du tribunal de commerce de l'arrondissement.

Chaque année, dans la première quinzaine de février, le directeur ou un administrateur de la société déposera, en double exemplaire, au greffe de la justice de paix du canton, avec la liste des membres faisant partie de la société à cette date, le tableau sommaire des recettes et des dépenses ainsi que des opérations effectuées dans l'année précédente. Un des exemplaires sera déposé par les soins du juge de paix au greffe du tribunal de commerce.

Les documents déposés au greffe de la justice de paix et du tribunal de commerce seront communiqués à tout requérant.

Art. 6. — Les membres chargés de l'administration de la société seront personnellement responsables, en cas de violation des statuts ou des dispositions de la présente loi, du préjudice résultant de cette violation.

Ils pourront être poursuivis et punis d'une amende de 16 à 200 francs.

Le tribunal pourra, en outre, à la diligence du procureur de la République, prononcer la dissolution de la société.

Au cas de fausse déclaration relative aux statuts ou aux noms et qualités des administrateurs, des directeurs ou des sociétaires, l'amende pourra être portée à 500 francs.

Art. 7. — La présente loi est applicable à l'Algérie et aux colonies.

PROJET DE STATUTS D'UNE CAISSE AGRICOLE

AVEC PARTS DE CAPITAL D'APRÈS LA LOI DU 5 NOVEMBRE 1894

§ I.

Nom. — But. — Siège. — Durée.

Article Premier. — Entre les soussignés, membres du Syndicat agricole de........ et les membres de ce Syndicat qui adhéreront aux présents statuts, il est formé une société de crédit, à capital variable, sous la dénomination de *Caisse agricole de*............ qui sera régie par la loi du 5 novembre 1894.

Art. 2. — Le but de la société est :

De faciliter et garantir au besoin les opérations concernant l'industrie agricole et effectuées par les membres du Syndicat agricole de ....;

D'aider par la faculté de petits versements à la possession de parts dans le fonds social ;

D'encourager l'épargne, et de contribuer par ces moyens au bien-être matériel et moral de ses membres.

Art. 3. — Le siège de la société est à..

Art. 4. — La société aura une durée illimitée.

§ II.

Capital social.

Art. 5. — Le capital de fondation est fixé à la somme de.................., divisé en parts de..

Nota. — D'après le paragraphe 3 de l'article 1er de la loi, les parts peuvent être de valeur inégale. Dans ce cas, inscrire la série des parts et la valeur attribuée à chaque série. Exemple :

Série A, parts de 100 francs.
Série B, parts de 50 francs.
Série C, parts de 25 francs.
Série D, parts de 20 francs.
Série E, parts de 10 francs.

Art. 6. - Le capital social pourra être augmenté par l'adjonction de nouveaux membres et par la souscription de nouvelles parts faite par les sociétaires, jusqu'à concurrence de .... francs, par délibération du conseil d'administration, et au-dessus, par délibération de l'assemblée générale.

Art. 7. — Le capital social peut être réduit par le remboursement de leurs parts aux sociétaires démissionnaires ou exclus ou aux ayants droits des décédés.

En aucun cas le capital social ne pourra être réduit par les reprises des parts des sociétaires sortant par démission ou par exclusion, au-dessous du montant du capital de fondation.

Art. 8. — Les parts sont payables à raison d'un quart au moment de la souscription, et le solde à raison d'un dixième chaque mois. Elles produisent un intérêt qui ne devra pas dépasser le taux d'intérêt accordé dans l'année aux dépôts d'épargne.

Art. 9. — La société, outre l'action personnelle contre les retardataires, peut, trois mois après mise en demeure, annuler les parts non libérées, les sommes versées étant en ce cas restituées au sociétaire retardataire, qui serait exclu. Le remboursement n'aura lieu que d'après la valeur des parts établie par l'inventaire social arrêté après cette annulation, sans tenir compte de leur quote-part dans le fonds de réserve.

Art. 10. — Les sociétaires ne sont engagés qu'à concurrence des parts souscrites par eux ; une fois ces parts libérées, ils ne peuvent être astreints, pour quelque cause que ce soit, à aucun autre versement, et n'encourent aucune responsabilité personnelle quant aux engagements sociaux, que garantit uniquement l'actif social.

Nota. — Les sociétés qui voudraient élever l'étendue de la responsabilité au-dessus du montant des parts souscrites pourraient remplacer l'article 10 par le suivant :

« Les sociétaires sont engagés solidairement, quant aux engagements sociaux, jusqu'à concurrence de tant de fois le montant des parts souscrites. »

Art. 11. — Les parts sont nominatives.

La souscription est constatée sur un registre spécial, et par la remise d'un certificat signé par deux administrateurs, constatant la série et le nombre des parts.

Le sociétaire qui viendrait à perdre son certificat peut, en justifiant de sa propriété, se faire délivrer un duplicata deux mois après notification, par lettre recommandée, de la perte à la société.

Art. 12. — Les parts ne peuvent être cédées qu'aux conditions suivantes :

a) Que le cessionnaire soit membre du Syndicat agricole de .... et ait été agréé au préalable par le conseil d'administration ;

b) Que le cédant ne soit débiteur de la société à aucun titre, direct ou indirect.

Toute cession ou mise en nantissement en dehors de ces conditions est nulle au regard de la société.

La cession s'opère par une déclaration inscrite sur le certificat, et signée du cédant ainsi que du cessionnaire, ou de leurs mandataires.

Si les parties ne savent ou ne pevent signer, le transfert est régularisé par une mention relatant ce fait et par la signature de deux administrateurs.

§ III.

Des Sociétaires.

Art. 13. — La société n'admet dans son sein que des personnes majeures faisant partie du Syndicat agricole de........., présentant des conditions suffisantes de moralité et de solvabilité, et demeurant dans la commune de.......... ou y étant inscrites au rôle de l'impôt foncier.

Art. 14. — Les demandes d'admission sont adressées au conseil d'administration, qui a le pouvoir de les accepter ou de les repousser, sans être tenu de motiver ses décisions. Le candidat non admis peut en appeler à l'assemblée générale, qui statue en dernier ressort.

L'admission d'un candidat est considérée comme non avenue, s'il n'a pas opéré son premier versement dans la quinzaine de la notification de son admission.

Art. 15. — On perd la qualité de sociétaire :

a) Par la sortie volontaire. Le sociétaire doit prévenir par écrit le conseil d'administration dans les six premiers mois de l'exercice social. La sortie n'a d'effet qu'après l'assemblée générale ayant approuvé les comptes annuels ;

b) Par décès ;

c) Par le changement de domicile, à moins que le sociétaire ne demeure propriétaire dans la commune ;

d) Par exclusion ;

e) Par la sortie du Syndicat.

Art. 16. — Tout sociétaire qui :

a) Tomberait en état de faillite ou de liquidation judiciaire ;

b) Aurait subi des peines correctionnelles ou criminelles ;

c) Se serait laissé poursuivre faute de paiement de ses dettes envers la société ;

d) N'aurait pas affecté les prêts à l'usage déclaré sur la demande d'emprunt ;

e) Aurait essayé de compromettre la bonne marche de la société ;

f) Et ne remplirait pas les obligations statutaires ;

sera exclu provisoirement par le conseil.

La radiation ne sera définitive qu'après l'exclusion prononcée par l'assemblée générale, à la majorité des votants, ainsi qu'il est dit à l'article 38.

Art. 17. — Les sociétaires ont le droit :

a) De prendre part en personne ou de se faire représenter aux assemblées générales. Les sociétaires qui n'interviennent pas aux assemblées ou ne s'y font pas représenter, sans motif plausible agréé par le conseil d'administration, sont passibles d'une amende calculée à raison de......... par absence ;

b) D'obtenir des prêts dans les conditions prévues par les statuts ;

c) De verser dans la caisse sociale des fonds productifs d'intérêt ;

d) De contrôler l'emploi des avances obtenues par d'autres sociétaires.

Les sociétaires ont l'obligation :

a) De verser à la caisse sociale le montant de leurs parts et engagements, comme il est dit à l'article 8;

b) D'observer les statuts et règlements sociaux, d'assister aux assemblées générales, et de favoriser, par tous les moyens en leur pouvoir, les intérêts de la société.

Art. 18. — En cas de démission ou d'exclusion, le sociétaire n'a droit qu'au remboursement de ses parts calculées d'après le dernier inventaire, sans aucun droit dans le fonds de réserve.

Le remboursement n'aura lieu que trois mois après l'assemblée générale ayant approuvé les comptes de l'exercice.

Art. 19. — En cas de décès d'un sociétaire, l'avoir qui lui revenait est mis à la disposition de ses ayants droit, dans les mêmes conditions que pour les sociétaires exclus ou démissionnaires.

Les ayants droit peuvent prendre la part du sociétaire décédé, sauf approbation du conseil d'administration.

Toutefois, la part étant indivisible, et la société ne reconnaissant qu'un seul propriétaire par part, les ayants droit devront désigner celui d'entre eux qui remplacera nominalement le défunt.

Il ne peut en aucun cas, même de décès ou de faillite d'un sociétaire, être requis contre la société ni apposition de scellés, ni inventaire, ni partage, et nul ne peut s'immiscer dans l'administration.

La société ne peut être dissoute par la mort, la retraite, l'interdiction, la faillite, la déconfiture d'un ou de plusieurs associés. Elle continuera de plein droit entre les autres associés.

Art. 20. — Dans tous les cas, un remboursement ne peut avoir lieu qu'après compensation avec ce qui peut rester dû à la société par le sociétaire.

Tout solde dû au sociétaire sorti et non réclamé dans les cinq ans est acquis à la société et porté à la réserve.

Le sociétaire sortant n'est libéré de ses engagements qu'après liquidation des opérations contractées avant sa sortie.

§ IV.

Des opérations de la Société.

Art. 21. — La société fait spécialement les opérations suivantes en faveur de ses membres et des membres du Syndicat agricole de.................... la priorité devant être toujours accordée aux opérations proposées par des sociétaires, et parmi ces dernières aux plus petites. Cette énumération n'est pas limitative.

a) Elle consent des prêts sur garanties, cautions, nantissements ou hypothèques. Cependant les prêts non supérieurs à ....la part possédée, jusqu'à échéance de six mois, pourront être accordés sur simple signature ;

b) Elle escompte et réescompte les effets ayant une cause agricole ;

c) Elle peut garantir les opérations concernant l'industrie agricole faites par le Syndicat agricole de..

d) Elle fait des encaissements et des paiements ;

e) Elle reçoit des dépôts à vue ou à échéance jusqu'à concurrence de...... fois le capital de fondation ;

f) Elle emprunte les capitaux nécessaires à son fonctionnement, et fait toutes les opérations conformes à son but.

Art. 22. — Le taux des prêts ne pourra dépasser de .... % l'intérêt que la société servira aux dépôts à vue, et le taux des commissions pour les autres opérations ....%

Art. 23. — Les demandes doivent énoncer l'objet et la durée du prêt. La société ne peut accorder des prêts que si elle a la conviction que la somme avancée permettra à l'emprunteur de réaliser un bénéfice et de rembourser la caisse.

Elle peut exiger à n'importe quel moment le remboursement des prêts non affectés à l'usage déclaré dans la demande d'emprunt.

Art. 24. – Les sociétaires qui obtiennent des avances ou des escomptes déposent dans la caisse sociale leurs certificats, qui, aux termes des articles 2071 et suivants du Code civil, deviennent ainsi le gage sur lequel la société a le droit de se rembourser par privilège et de préférence à tous autres créanciers.

§ V.

Administration.

Art. 25. - La société est administrée :

a) Par le conseil d'administration ;

b) Par la commission de surveillance ;

c) Par l'assemblée générale ;

d) Par le secrétaire-comptable.

a) Conseil d'administration.

Art. 26. —Le conseil d'administration se compose de .... membres au moins ; ce nombre peut être augmenté en cas de besoin constaté.

Les administrateurs restent en fonctions pendant trois ans et sont renouvelables par tiers chaque année. Ils sont rééligibles.

Le renouvellement est fixé par un tirage au sort pendant les deux premières années.

En cas de décès ou de démission d'un membre du conseil d'administration, le conseil peut pourvoir à son remplacement provisoire jusqu'à la prochaine assemblée, qui procède à l'élection définitive. Le nouveau membre est nommé pour le temps restant à remplir par son prédécesseur.

ART. 27. — Le conseil choisit chaque année son président, un vice-président et un secrétaire qui sont rééligibles.

Si le conseil ne nomme pas un secrétaire spécial, le secrétaire-comptable remplit les fonctions de secrétaire du conseil.

ART. 28. — Le conseil se réunit au moins une fois par semaine. Les délibérations sont prises à la majorité des voix. Pour que le conseil délibère valablement, il faut que la majorité des membres soit présente.

En cas de partage, la voix du président est prépondérante.

Toutes les fois qu'il s'agira des intérêts d'un administrateur, ce dernier devra s'abstenir d'assister à la séance, et la délibération du conseil sera soumise à l'approbation de la commission de surveillance.

Il est tenu un registre de délibérations. Les procès-verbaux sont signés par le président et le secrétaire.

ART. 29. — Tout membre du conseil, qui, sans motif légitime, aura manqué à trois séances consécutives, peut être considéré comme démissionnaire.

ART. 30. — Le conseil est investi des pouvoirs les plus étendus. Tout ce qui n'est pas réservé expressément à l'assemblée générale est de sa compétence, et notamment :

a) Il admet ou refuse les sociétaires, accepte les démissions, et prononce les exclusions provisoires.

b) Il statue sur les demandes de prêts, il examine et surveille l'emploi des sommes avancées et veille à leur rentrée ;

c) Il fixe les dépenses d'administration, surveille la comptabilité, arrête les bilans et inventaires à soumettre à l'assemblée générale.

d) Il nomme le secrétaire-comptable, les employés, règle leurs traitements et attributions et les révoque au besoin.

e) Il plaide, transige, compromet, donne toutes quittances et mainlevées, intente et suit toutes actions judiciaires et autres et, généralement, fait tout ce qui rentre dans l'objet de la société non prévu par les présentes.

f) Il convoque les assemblées générales ordinaires et extraordinaires, lorsque l'intérêt social l'exige.

Tous les actes concernant la société devront porter la signature de deux administrateurs.

ART. 31. — Le conseil peut déléguer tout ou partie de ses pouvoirs à un ou plusieurs de ses membres, et même à un ou plusieurs sociétaires.

Il se fait représenter en justice, soit par le président, soit par le secrétaire-comptable.

ART. 32. — Les administrateurs ne contractent aucune obligation solidaire ou personnelle. Ils ne sont responsables que de l'exécution de leur mandat.

b) Commission de surveillance (1).

ART. 33. — La commission de surveillance se compose de trois sociétaires nommés par l'assemblée générale. Leurs fonctions durent une année. Ils sont rééligibles.

Ils veillent à l'exécution des statuts, des règlements et des délibérations de l'assemblée générale. Ils vérifient la caisse, le portefeuille, la comptabilité. Ils surveillent l'emploi des fonds prêtés par la société. Ils statuent sur les demandes d'emprunts présentées par des administrateurs, ainsi que sur leur admission comme cautions. Ils se réunissent au moins une fois par mois, et dressent de leur vérification un rapport qui est communiqué au conseil d'administration.

Ils présentent à chaque assemblée générale ordinaire un rapport écrit sur les opérations de l'exercice écoulé.

Ils peuvent, s'ils le jugent utile, convoquer l'assemblée générale.

c) Assemblée générale.

ART. 34. — L'assemblée générale, régulièrement constituée, représente l'universalité des sociétaires ; ses décisions sont obligatoires, même pour les absents.

Elle se réunit deux fois par an, au printemps et en automne. Elle peut aussi être convoquée à titre extraordinaire par le conseil d'administration, par la commission de surveillance, ou sur une demande écrite portant la signature du cinquième des sociétaires et indiquant les objets à traiter.

ART. 35. — Les convocations ont lieu par lettres adressées aux sociétaires aux moins quatre jours à l'avance, et contenant l'ordre du jour, qui est fixé par le conseil d'administration et devra comprendre toutes propositions soumises par écrit quinze

---

(1) L'art. 2 de la loi du 5 novembre 1894 laisse aux statuts le soin de déterminer le mode d'administration des sociétés de crédit agricole établies d'après cette loi. Il résulte de cette disposition que, contrairement à celles de la loi du 24 juillet 1867, on pourrait se passer de la commission de surveillance. Nous estimons cependant que s'agissant de sociétés qui font appel au crédit, cet organe de contrôle est nécessaire. On ne saurait offrir assez de garanties à ceux de qui on sollicite la confiance.

jours avant la réunion de l'assemblée avec la signature du dixième au moins des sociétaires.

L'avis de convocation sera en outre affiché à la porte du siège social.

Art. 36. — L'assemblée est présidée par le président du conseil d'administration, assisté de deux scrutateurs choisis par elle. Le secrétaire-comptable remplit les fonctions de secrétaire.

Art. 37. — L'assemblée ordinaire est régulièrement constituée quand le quart des sociétaires est présent ou représenté.

A défaut, il est procédé à une seconde convocation dans le délai de huit jours, avec le même ordre du jour, et cette fois les décisions sont valables, quel que soit le nombre des membres présents.

Art. 38. — L'assemblée générale qui aurait à statuer sur des modifications aux statuts, sur l'exclusion de sociétaires, ou sur la prorogation ou la dissolution anticipée de la société, devra se composer de la moitié des sociétaires inscrits, présents ou représentés, et délibérera à la majorité des présents.

Après deux convocations sans effet, la troisième assemblée délibère valablement, quel que soit le nombre des membres présents.

Art. 39. — Les délibérations sont prises à la majorité des voix à mains levées et avec contre-épreuve. Si la moitié des présents le demande, on procède au scrutin secret. Chaque sociétaire n'a qu'une voix.

Aucun sociétaire ne peut avoir en tout plus d'une voix, en outre de la sienne, comme mandataire de membres non présents.

Nul ne peut être représenté que par un sociétaire muni d'un pouvoir régulier.

En cas de partage, la voix du président est prépondérante.

Art. 40. — Les délibérations sont constatées par un procès-verbal, qui est transcrit sur un livre spécial et signé par les membres du bureau.

Une feuille de présence contenant les noms et domiciles des présents ou représentés est annexée et certifiée par le bureau. Les extraits ou copies à produire sont signés par le président et le secrétaire du conseil.

Art. 41. — L'assemblée générale entend les rapports du conseil d'administration et de la commission de surveillance ;

Elle examine, approuve ou rejette les comptes qui lui sont soumis ;

Elle nomme les administrateurs et les commissaires de surveillance ;

Elle statue sur l'augmentation ou la diminution du capital ;

Elle détermine le maximum des emprunts et des engagements qui pourront être contractés, et le maximum du crédit qui pourra être consenti à un seul sociétaire pendant l'année ;

Elle détermine le maximum des dépôts à recevoir, sans pouvoir dépasser le maximum statutaire établi comme il est dit à l'article 21, paragraphe *e* ; elle fixe le taux de l'intérêt à servir à ces dépôts, celui des avances, et le montant des commissions pour les autres opérations, le tout dans les limites prévues par l'art. 22 des statuts ;

Elle décide sur le versement à faire au fonds de réserve, quand il n'est plus obligatoire, et sur la destination des bénéfices non versés à la réserve ;

Elle statue en dernier ressort sur les admissions et exclusions de sociétaires.

d) Secretaire-comptable.

Art. 42. — Le secrétaire-comptable exécute les décisions du conseil d'administration. Il est chargé de la tenue des livres et de la gestion de la caisse. Il prépare les comptes et les inventaires à présenter aux assemblées générales. Il est responsable de tous les documents, valeurs et espèces qui lui sont consignés. Il peut être appelé à remplir les fonctions de secrétaire du conseil d'administration et des assemblées générales. Il assiste avec voix consultative aux séances du conseil d'administration.

§ VI.

Inventaires. — Bénéfices. — Réserve.

Art. 43. — L'année sociale commence le 1er janvier et finit le 31 décembre.

Par exception, le premier exercice ne comprendra que le temps à courir de la date de la constitution définitive au 31 décembre suivant.

Art. 44. — A la fin de chaque exercice, un inventaire est dressé, contenant les dettes actives et passives de la société. Cet inventaire est complété par le bilan.

Art. 45. — Il est constitué un fonds de réserve auquel il sera versé les trois quarts des bonis nets, tels qu'ils sont définis par l'art. 3 de la loi du 5 novembre 1894.

Ce prélèvement cessera d'être obligatoire quand le fonds de réserve aura atteint le montant du capital social (1) constaté par le dernier inventaire.

Art. 46. — Le surplus des bonis sera restitué aux sociétaires qui auront fait des opérations avec la société au *prorata* des prélèvements opérés.

Art. 47. — Tous intérêts non réclamés dans les cinq ans sont acquis à la société et versés à la réserve.

§ VII.

Dissolution. — Liquidation.

Art. 48. — Au cas où la diminution du capital atteint le montant du capital de fondation, le conseil d'administration convoque l'assemblée générale, afin de statuer si la société doit être continuée ou dissoute.

L'assemblée délibère dans les formes prévues à l'article 38.

Il est procédé de même un an avant le terme fixé pour l'expiration de la société.

(1) Ou au moins la moitié du capital.

Art. 49. — A l'expiration de la société, ou en cas de dissolution anticipée, l'assemblée nomme un ou deux liquidateurs, à qui elle peut conférer les pouvoirs les plus étendus.

Pendant la liquidation, les pouvoirs de l'assemblée continuent.

Le fonds de réserve et le reste de l'actif seront affectés :

a) Si sept sociétaires au moins en font la demande, à la réorganisation de l'institution ;

b) A défaut, à des œuvres d'intérêt agricole (2) que l'assemblée indiquera.

§ VIII.

Contestations. — Élection de domicile.

Art. 50. — Toute contestation entre les sociétaires, ou entre eux et la société, sur l'exécution des présents statuts est soumise à la juridiction des tribunaux de commerce.

Les sociétaires sont tenus d'élire domicile à ....; à défaut, toute notification sera valablement faite à la mairie du siège social.

§ IX.

Dispositions diverses.

Art. 51. — Avant toute opération, les statuts, avec la liste complète des administrateurs ou directeurs et des sociétaires, indiquant leur nom, profession, domicile et le montant de chaque souscription, seront déposés, en double exemplaire, au greffe de la justice de paix du canton de ....

Chaque année, dans la première quinzaine de février, il sera déposé, en double exemplaire, à ce même greffe, la liste des membres faisant partie de la société à cette époque, le tableau sommaire des recettes et des dépenses, ainsi que des opérations effectuées dans l'année précédente.

Les actes concernant la société seront communiqués au Centre fédératif du crédit populaire en France.

---

(2) Il peut être stipulé que ce surplus sera partagé entre les sociétaires proportionnellement à leurs souscriptions ; mais la clause-type que nous proposons nous paraît préférable.

PROJET DE STATUTS D'UNE CAISSE AGRICOLE

A CAPITAL VARIABLE ET A RESPONSABILITÉ SOLIDAIRE D'APRÈS LA LOI DU 5 NOVEMBRE 1894

§ I.

Il est formé entre les soussignés membres du Syndicat agricole de............................, et les membres de ce Syndicat qui adhèreront aux présents statuts une société à capital variable, à responsabilité solidaire, régie par la loi du 5 novembre 1894 et qui prend la dénomination de *Caisse agricole coopérative de*.. .

Le but de la société est de faciliter le crédit, d'encourager l'épargne et de contribuer par ces moyens au bien-être matériel et moral de ses membres.

La société aura une durée illimitée.

Le siège de la société est à.. .

§ II.

Des Opérations de la Société.

La société consent des prêts ayant un but agricole, depuis trois mois jusqu'à deux ans, sur garanties, cautions, nantissements ou hypothèques ; cependant les prêts de 200 francs et au-dessous, jusqu'à échéance de six mois, pourront être accordés sur la seule signature du sociétaire emprunteur.

Les prêts seront toujours représentés par des billets à ordre, à trois mois, renouvelables, avec ou sans amortissement, dans les conditions déterminées par le conseil d'administration. L'intérêt sera payé d'avance, et le taux ne pourra dépasser de ......°/₀ l'intérêt que la société servira aux dépôts à vue.

Chaque demande énoncera l'objet du prêt et sa durée. Le conseil d'administration ne pourra accorder des prêts que s'il a la conviction absolue que la somme avancée permettra à l'emprunteur de rembourser la caisse et de réaliser un bénéfice. Il a le droit d'exiger, à n'importe quel moment, le remboursement des prêts que les sociétaires n'auraient pas affectés à l'usage déclaré dans la demande d'emprunt. Il devra suspendre toutes opérations avec ces derniers et proposer à la prochaine assemblée générale leur exclusion de la société.

Il pourra également demander des cautions supplémentaires, et, à défaut, opérer la rentrée de celles des avances qui ne lui paraîtraient pas suffisamment garanties.

La société se réserve le droit d'exiger avant l'échéance le remboursement intégral des avances faites à ses sociétaires, mais seulement dans le cas où les emprunts par elle contractés seraient dénoncés en totalité.

La société ne fait des prêts qu'à ses membres, et en cas d'exubérance des fonds, aux membres du Syndicat agricole de ....

Les capitaux nécessaires au fonctionnement de la société sont fournis :

a) Par les parts d'intérêt des sociétaires ;

b) Par les dépôts à vue et à échéance qu'elle est autorisée à recevoir ; ces dépôts ne pourront jamais dépasser un maximum de................ ;

c) Par les emprunts qu'elle peut contracter ;

d) Par le réescompte de son portefeuille ;

e) Par les bénéfices et toute autre ressource éventuelle.

La société s'interdit formellement toute affaire aléatoire.

Elle peut verser les fonds dont elle n'aurait pas l'emploi immédiat à une caisse d'épargne ou à une banque populaire notoirement solvable.

§ III.

Du Capital social.

Le capital de fondation est fixé à........................composé de..........parts d'intérêt de ....francs par chaque sociétaire, payables au moment de la souscription (1).

Chaque sociétaire ne peut posséder qu'une part.

Le capital pourra être augmenté par l'admission de nouveaux sociétaires par simple délibération du conseil d'administration jusqu'à concurrence de fr.............

Au-dessus de ce chiffre, les augmentations devront être autorisées par une délibération de l'assemblée générale.

Le capital peut être réduit :

a) Par le remboursement des parts d'intérêt des sociétaires démissionnaires ;

b) Par l'annulation des parts d'intérêts des sociétaires exclus.

Les parts sont constatées par une inscription sur le registre des sociétaires.

Elles ne peuvent pas être transférées (2).

---

(1) Ou payables un quart à la souscription et le solde par des versements mensuels à raison de.............................. par mois.

(2) Ou les parts ne peuvent être cédées qu'aux conditions suivantes :

a) Que le cessionnaire soit membre du Syndicat agricole de.. et ait été agréé au préalable par le conseil d'administration ;

b) Que le cédant ne soit débiteur de la société à aucun titre, direct ou indirect.

Toute cession ou mise en nantissement en dehors de ses conditions est nulle au regard de la société.

La cession s'opère par une déclaration inscrite sur le certificat, et signée du cédant ainsi que du cessionnaire, ou de leurs mandataires.

Si les parties ne savent ou ne peuvent signer, le transfert est régularisé par une mention relatant ce fait et par la signature de deux administrateurs.

§ IV.

Des Sociétaires.

La société n'admet dans son sein que les personnes majeures jouissant de leurs droits civils, ayant une bonne réputation, habitant la commune de.................ou y étant inscrites au rôle de l'impôt foncier, et faisant partie du Syndicat agricole de.................

Les demandes d'admission sont adressées au conseil d'administration, qui a le pouvoir de les accepter ou de les repousser. Le candidat non admis peut en appeler à l'assemblée générale, qui statue en dernier ressort.

On perd la qualité de sociétaire :

a) Par la sortie volontaire, en prévenant par écrit le conseil dans les six premiers mois de l'exercice social. La sortie n'a d'effet qu'après l'assemblée générale ayant approuvé les comptes annuels ;

b) Par décès ;

c) Par changement de domicile, à moins que le sociétaire ne demeure propriétaire dans la commune ;

d) Par exclusion.

Le conseil d'administration pourra exclure les sociétaires :

a) Qui auraient subi des peines correctionnelles ou criminelles ;

b) Qui se seraient laissés poursuivre faute de paiement de leurs dettes envers la société ;

c) Qui seraient en état de déconfiture.

Les exclusions prononcées par le conseil d'administration pourront, sur la demande écrite des sociétaires exclus, être portées en appel devant l'assemblée générale, qui statuera en dernier ressort.

Les sociétaires exclus n'auront aucun recours contre la société. Leurs parts d'intérêts seront annulées, et le montant sera porté au fonds de réserve.

Les sociétaires démissionnaires n'ont droit qu'au remboursement de leurs parts d'intérêt calculées d'après le dernier inventaire, et payables six mois après la date de son arrêté.

En cas de décès d'un sociétaire, sa part d'intérêt est mise à la disposition de ses ayants droit dans les mêmes conditions que pour les sociétaires démissionnaires.

La part étant indivisible et la société ne reconnaissant qu'un seul propriétaire par part, les héritiers devont faire agréer par la société l'un d'entre eux qui remplacera nominalement le défunt.

En cas de décès ou de faillite d'un sociétaire, il ne peut être requis contre la société ni apposition de scellés, ni inventaire, et nul ne peut s'immiscer dans l'administration.

Le remboursement des parts ne peut avoir lieu qu'après compensation de ce qui peut rester dû à la société par le sociétaire sortant.

Tout solde dû au sociétaire sorti et non réclamé dans les cinq ans est acquis à la société et porté à la réserve.

Les sociétaires démissionnaires ou exclus ne seront libérés de leurs engagements qu'après la liquidation des opérations contractées par la société antérieurement à leur sortie.

Les sociétaires ont le droit de :

a) De prendre part, en personne, aux assemblées générales. Les sociétaires, qui n'interviennent pas aux assemblées sans motif plausible agréé par le conseil d'administration sont passibles d'une amende calculée de............ par absence ;

b) D'obtenir des prêts dans les conditions prévues par les statuts ;

c) De verser dans la caisse sociale des fonds productifs d'intérêts ;

d) De contrôler l'emploi des avances obtenues par d'autres sociétaires.

Les sociétaires ont l'obligation :

a) De verser à la caisse sociale le montant de leurs parts d'intérêt ;

b) De répondre sur tous leurs biens des obligations de la société par parts viriles entre eux, et solidairement vis-à-vis des tiers ;

c) D'observer les statuts et règlements sociaux, d'assister aux assemblées générales, et de favoriser, par tous les moyens en leur pouvoir, les intérêts de la société.

§ V. — Administration.

La société est administrée et surveillée par :

a) Le conseil d'administration ;

b) Le conseil de surveillance ;

c) L'assemblée générale ;

d) Le secrétaire-comptable. Cette seule charge pourra être rétribuée. Les autres sont entièrement gratuites.

a) Conseil d'Administration.

Le conseil d'administration se compose de trois membres au moins, qui choisissent entre eux un président. Ce nombre peut être augmenté en cas de besoin constaté. Ils restent en fonction pendant trois ans et sont renouvelables par tiers chaque année.

En cas de décès, démission ou empêchement durable d'un administrateur, le conseil choisit un administrateur provisoire, dont la nomination sera soumise à la ratification de la prochaine assemblée générale.

Le renouvellement est fixé par un tirage au sort pendant les deux premières années.

Le conseil se réunit au moins une fois par semaine. Les délibérations sont prises à la majorité des voix.

Le secrétaire-comptable assiste aux séances avec voix consultative, à moins que le conseil ne décide de délibérer hors sa présence.

Le conseil est investi des pouvoirs les plus étendus. Tout ce qui n'est pas réservé expressément à l'assemblée générale est de sa compétence, et notamment :

a) Il statue sur les admissions et exclusions des sociétaires, sur les demandes de prêts, il examine et surveille l'emploi des sommes avancées et veille à leur rentrée ;

b) Il contracte les emprunts dans les limites fixées par l'assemblée générale ;

c) Il fixe les dépenses d'administration, surveille la comptabilité, arrête les bilans à soumettre à l'assemblée générale ;

d) Il nomme le secrétaire-comptable ;

e) Il plaide, transige, compromet, donne toutes mainlevées, intente et suit toutes actions judiciaires et autres, et généralement fait tout ce qui rentre dans l'objet de la société non prévu par les présentes. Toutefois, il se fait représenter en justice soit par le président, soit par le secrétaire-comptable.

f) Il convoque les assemblées générales ordinaires et extraordinaires, lorsque l'intérêt social l'exige.

Toutes les fois qu'il s'agira des intérêts d'un administrateur, ce dernier devra s'abstenir d'assister à la séance, la délibération du conseil sera soumise à l'approbation du conseil de surveillance.

Tous les actes concernant la société devront porter la signature de deux administrateurs.

Les administrateurs ne contractent aucune obligation personnelle ou solidaire. Ils ne sont responsables que de l'exécution de leur mandat dans les termes du droit commun.

b) Conseil de surveillance.

Le conseil de surveillance se compose de trois sociétaires nommés par l'assemblée générale. Leurs fonctions durent une année. Ils sont rééligibles.

Ils veillent à l'exécution des statuts et des délibérations de l'assemblée générale. Ils vérifient la caisse, le portefeuille, la comptabilité. Ils surveillent l'emploi des fonds prêtés par la caisse. Ils statuent sur les demandes d'emprunt présentées par des administrateurs, ainsi que sur leur admission comme cautions. Ils se réunissent au moins une fois par mois et dressent un procès-verbal contenant leurs observations. Ce procès-verbal est communiqué au conseil d'administration. Ils peuvent, s'ils le jugent utile, convoquer l'assemblée générale.

c) Assemblée générale.

L'assemblée générale se compose de tous les sociétaires. Elle se réunit deux fois par an, au printemps et en automne. Elle peut aussi être convoquée à titre extraordinaire par le conseil d'administration, par le conseil de surveillance, ou sur une demande écrite portant la signature du cinquième des sociétaires et indiquant les objets à traiter.

Les convocations ont lieu par lettres adressées à chaque sociétaire au moins quatre jours à l'avance et contenant l'ordre du jour. L'avis de convocation sera également affiché à la porte du siège social.

L'assemblée est présidée par le président du conseil d'administration assisté de deux scrutateurs choisis par elle. Le secrétaire-comptable remplit les fonctions de secrétaire.

L'assemblée générale ne délibère valablement que si le nombre des présents atteint la moitié des sociétaires inscrits.

Les procurations ne sont pas admises.

A défaut, il sera convoqué une seconde assemblée générale dans le délai de huit jours. Les délibérations seront valables, quel que soit le nombre des présents.

Les délibérations sont prises à la majorité des voix, à mains levées, et avec contre-épreuve. Si la moitié des présents le demande, on procède au scrutin secret.

Chaque sociétaire n'a qu'une voix. En cas de partage, la voix du président est prépondérante.

L'assemblée générale du printemps prend connaissance des opérations effectuées pendant le premier semestre de l'exercice, et se prononce sur les questions qui lui seraient soumises par le conseil d'administration, et notamment elle ratifie les nominations d'administrateurs prévues dans le deuxième alinea du § V, chapitre *a*. L'assemblée générale d'automne examine la gestion de l'exercice social, qui commence le 1er janvier et se termine le 31 décembre de chaque année, et, après avoir entendu la lecture du rapport du conseil de surveillance, approuve, s'il y a lieu, les comptes qui lui sont soumis et en donne décharge au conseil.

Elle nomme les administrateurs et les commissaires de surveillance.

Elle détermine le maximum des emprunts qui pourront être contractés, des dépôts qui pourront être reçus suivant le § 11, alinea 7, lettre *b*, et le maximum du crédit qui pourra être consenti à un seul sociétaire pendant l'année.

Elle fixe le taux des dépôts et des avances conformement au § 11 alinea 2.

Elle statue en dernier ressort sur les admissions et exclusions de sociétaires.

Elle fixe toutes les amendes qu'elle juge nécessaires, afin de pourvoir à régularité de l'administration et des opérations sociales.

d) **Secrétaire-comptable.**

Le secrétaire-comptable exécute les décisions du conseil d'administration. Il est chargé de la tenue des livres et de la gestion de la caisse. Il prépare les inventaires et les comptes à présenter aux assemblées générales. Ces comptes doivent être soumis au conseil d'administration, avec tous les documents justificatifs, au plus tard le 31 janvier de chaque année. Le secrétaire-comptable est responsable de tous les documents, valeurs et espèces qui lui sont consignés.

Il remplit les fonctions de secrétaire du conseil d'administration et des assemblées générales.

§ VI.

Inventaire. — Bénéfices. — Réserve.

L'année sociale commence le 1er janvier et se termine le 31 décembre.

A la fin de chaque exercice un inventaire est dressé, contenant les dettes actives et passives de la société. Cet inventaire est complété par le bilan.

Les bonis nets, après prélèvement d'un intérêt de 3 % aux parts de capital, sont répartis de la façon suivante :

75 0/0 à la réserve.

25 0/0 aux sociétaires qui auront fait des affaires avec la société au prorata des prélèvements faits sur les opérations.

L'assemblée pourra décider que la totalité des bonis sera portée à la réserve.

Le fonds de réserve est indivisible. Lorsqu'il aura atteint un chiffre pouvant suffire aux besoins de la société, chiffre qui ne devra en aucun cas être inférieur à la moitié du capital, l'assemblée pourra décider qu'une partie des bénéfices annuels sera affectée à des œuvres d'utilité locale.

§ VII.

Dissolution. — Liquidation.

En cas de diminution du capital au-dessous du montant du capital de fondation, le conseil d'administration devra convoquer l'assemblée générale afin de statuer sur la continuation ou sur la dissolution de la société.

A l'expiration de la société, ou en cas de dissolution anticipée, le fonds de réserve et le reste de l'actif seront affectés :

a) A la reconstitution de la société, si sept sociétaires le demandent ;

b) A défaut, aux œuvres d'intérêt agricole que l'assemblée indiquera.

§ VIII.

Contestations.

Toute contestation entre les sociétaires, ou entre eux et la société, sur l'exécution des présents statuts est soumise à la juridiction des tribunaux de commerce.

Les communications concernant des sociétaires qui, tout en étant propriétaires dans la commune, n'y habiteraient pas, leur seront valablement faites au siège social, à moins qu'ils n'aient prévenu la société d'avoir fait élection de domicile dans la commune.

§ IX.

Dispositions diverses.

Les présents statuts, sauf en ce qui concerne la responsabilité illimitée des membres, l'indivisibilité de la réserve, la gratuité des fonctions administratives, dispositions qui ne pourront subir aucun changement, peuvent être modifiés sur la proposition du conseil d'administration par une assemblée générale extraordinaire, composée et délibérant dans les conditions prévues ci-après :

L'assemblée générale, qui aurait à statuer sur des modifications aux statuts, ou sur la dissolution anticipée de la société, devra se composer des trois quarts des sociétaires inscrits et délibérera à la majorité des quatre cinquièmes des présents.

Avant toute opération, les statuts, avec la liste complète des administrateurs et des sociétaires, indiquant leurs nom, profession, domicile et le montant de chaque souscription, seront déposés, en double exemplaire, au greffe de la justice de paix du canton de ....

Chaque année, dans la première quinzaine de février, il sera déposé, en double exemplaire, à ce même greffe la liste des membres faisant partie de la société à cette époque, le tableau sommaire des recettes et des dépenses, ainsi que des opérations effectuées dans l'année précédente.

Les actes concernant la société seront communiqués au Centre Fédératif du crédit populaire en France.

STATUTS D'UNE CAISSE AGRICOLE SANS CAPITAL

D'APRÈS LA LOI DU 5 NOVEMBRE 1894

§ I

Il est formé, entre les soussignés membres du Syndicat agricole de .... et les membres de ce Syndicat qui adhèreront aux présents statuts, une société de crédit agricole sans capital versé, qui prend la dénomination de *Caisse agricole coopérative de* ....et qui est régie par la loi du 5 novembre 1894.

Le but de la société est de faciliter le crédit, d'encourager l'épargne, et de contribuer par ces moyens au bien-être matériel et moral de ses membres.

La société aura une durée illimitée. Son siège est à.....................

§ II

Des Opérations de la Société.

Les capitaux nécessaires au fonctionnement de la société sont fournis :

a) Par les dépôts à vue et à échéance qu'elle est autorisée à recevoir ; ces dépôts ne devront jamais dépasser un maximum de.....................

b) Par les emprunts qu'elle peut contracter ;

c) Par le réescompte de son portefeuille ;

d) Par les bénéfices et toute autre ressource éventuelle.

La société s'interdit toute affaire aléatoire, elle ne fait des prêts qu'à ses membres. Elle peut verser les fonds dont elle n'aurait pas l'emploi immédiat à une caisse d'épargne ou à une banque populaire notoirement solvable. Elle consent des prêts, ayant un but agricole, depuis trois mois jusqu'à deux ans sur garanties, cautions, nantissements ou hypothèques ; cependant les prêts de 200 fr. et au dessous, jusqu'à échéance de six mois, pourront être accordés sur la seule signature du sociétaire emprunteur. Les prêts seront toujours représentés par des billets à ordre, à trois mois, renouvelables, avec ou sans amortissement, dans les conditions déterminées par le conseil d'administration.

L'intérêt sera payé d'avance, et de taux ne pourra dépasser de .. % l'intérêt que la société servira aux dépôts à vue.

Chaque demande énoncera l'objet du prêt et sa durée. Le conseil d'administration ne pourra accorder des prêts que s'il a la conviction absolue que la somme avancée permettra à l'emprunteur de rembourser la caisse et de réaliser un bénéfice. Il a le droit d'exiger, à n'importe quel moment, le remboursement des prêts que les sociétaires n'auraient pas affectés à l'usage déclaré dans la demande d'emprunt. Il devra suspendre toutes opérations avec ces derniers, et proposer à la prochaine assemblée générale leur exclusion de la société.

Il pourra également demander des cautions supplémentaires, et, à défaut, opérer la rentrée de celles des avances qui ne lui paraitraient pas suffisamment garanties.

La société se réserve le droit d'exiger, avant échéance, le remboursement intégral des avances faites à ses sociétaires, mais seulement dans le cas où les emprunts par elle contractés seraient dénoncés en totalité.

§ III

Du Capital social.

Le capital social est représenté, indépendamment du capital de garantie que constitue la solidarité, par le fonds de réserve auquel sont attribués quatre-vingt pour cent des bénéfices annuels et toutes autres rentrées éventuelles. Il n'y a pas de parts. Les sociétaires ne font aucun versement. Ils touchent une répartition de vingt pour cent sur les bénéfices nets, à distribuer au prorata des prélèvements faits sur les opérations.

Le fonds de réserve demeure indivisible.

En cas de dissolution de la société, il sera affecté par décision de l'assemblée générale :

a) Si sept sociétaires au moins en font la demande, à la réorganisation de l'institution ;

b) Dans le cas contraire, aux œuvres d'intérêt agricole que l'assemblée désignera.

En aucun cas ce fonds ne pourra être réparti parmi les sociétaires.

Lorsqu'il aura atteint un chiffre pouvant suffire aux besoins de la société, l'assemblée pourra décider que les quatre-vingt pour cent des bénéfices annuels seront affectés à des œuvres d'utilité locale.

§ IV

Des Sociétaires.

La société n'admet dans son sein que les personnes majeures, jouissant de leurs droits civils, ayant une bonne réputation, et habitant la commune de............................ ou y étant inscrites au rôle de l'impôt foncier, et faisant partie du Syndicat agricole de..

Les demandes d'admission sont adressées au conseil d'administration, qui a le pouvoir de les accepter ou de les repousser. Le candidat non admis peut en appeler à l'assemblée générale, qui statue en dernier ressort.

La qualité de sociétaire est constatée vis-à-vis de l'associé, de la société et des tiers par une inscription sur le livre des sociétaires signée par le sociétaire et par deux administrateurs en cas d'entrée ou de démission, et par deux administrateurs seulement en cas d'exclusion ou de décès.

On perd la qualité de sociétaire :

a) Par la sortie volontaire, en prévenant par écrit le conseil dans les six premiers mois de l'exercice social. La sortie n'a d'effet qu'après l'assemblée générale ayant approuvé les comptes annuels ;

b) Par décès ;

c) Par le changement de domicile, à moins que le sociétaire ne demeure propriétaire dans la commune ;

d) Par exclusion.

Le conseil d'administration pourra exclure :

a) Les sociétaires qui auraient subi des peines correctionnelles ou criminelles ;

b) Qui se seraient laissés poursuivre faute de paiement de leurs dettes envers la société ;

c) Qui seraient en état de déconfiture.

Les exclusions prononcées par le conseil d'administration pourront, sur la demande écrite des sociétaires exclus, être portées en appel devant l'assemblée générale, qui statuera en dernier ressort.

Les sociétaires ont le droit :

a) De prendre part en personne aux assemblées générales. Les sociétaires qui n'interviennent pas aux assemblées sans motif plausible agréé par le conseil d'administration sont passibles d'une amende calculée à raison de .... par absence ;

b) D'obtenir des prêts dans les conditions prévues par les statuts ;

c) De verser dans la caisse sociale des fonds productifs d'intérêts ;

d) De contrôler l'emploi des avances obtenues par d'autres sociétaires.

Les sociétaires ont l'obligation :

a) De répondre par tous leurs biens des obligations de la société en parts viriles entre eux, et solidairement vis-à-vis des tiers ;

b) D'observer les statuts et règlements sociaux, d'assister aux assemblées générales, et de favoriser, par tous les moyens en leur pouvoir, les intérêts de la société.

Les sociétaires démissionnaires ou exclus ne seront libérés de leurs engagements qu'après la liquidation des opérations contractées par la société antérieurement à leur sortie.

§ V

Administration.

La société est administrée et surveillée par :

a) Le conseil d'administration ;

b) Le conseil de surveillance ;

c) L'assemblée générale ;

d) Le secrétaire-comptable. Cette seule charge pourra être rétribuée. Les autres sont entièrement gratuites.

a) Conseil d'administration.

Le conseil d'administration se compose de trois membres au moins, qui choisissent entre eux un président. Ce nombre peut être augmenté en cas de besoin constaté. Ils restent en fonctions pendant trois ans et sont renouvelables par tiers chaque année.

Le renouvellement est fixé par un tirage au sort pendant les deux premières années.

En cas de décès, démission ou empêchement durable d'un administrateur, le conseil choisit un administrateur provisoire, dont la nomination sera soumise à la ratification de la prochaine assemblée générale.

Le conseil se réunit au moins une fois par semaine. Les délibérations sont prises à la majorité des voix.

Le secrétaire-comptable assiste aux séances avec voix consultative, à moins que le conseil ne décide de délibérer hors sa présence.

Le conseil est investi des pouvoirs les plus étendus. Tout ce qui n'est pas réservé expressément à l'assemblée générale est de sa compétence, et notamment :

a) Il statue sur les admissions et exclusions des sociétaires, sur les demandes de prêts, il examine et surveille l'emploi des sommes avancées et veille à leur rentrée ;

b) Il contracte les emprunts dans les limites fixées par l'assemblée générale ;

c) Il fixe les dépenses d'administration, surveille la comptabilité, arrête les bilans à soumettre à l'assemblée générale ;

d) Il nomme le secrétaire-comptable ;

e) Il plaide, transige, compromet, donne toutes mainlevées, intente et suit toutes actions judiciaires et autres, et généralement fait tout ce qui rentre dans l'objet de la société non prévu par les présentes; toutefois il se fait représenter en justice soit par le président, soit par le secrétaire-comptable ;

f) Il convoque les assemblées générales ordinaires et extraordinaires, lorsque l'intérêt social l'exige.

Toutes les fois qu'il s'agira des intérêts d'un administrateur, ce dernier devra s'abstenir d'assister à la séance, et la délibération du conseil sera soumise à l'approbation du conseil de surveillance.

Tous les actes concernant la société devront porter la signature de deux administrateurs.

Les administrateurs ne contractent aucune obligation personnelle ou solidaire. Ils ne sont responsables que de l'exécution de leur mandat dans les termes du droit commun.

b) **Conseil de surveillance.**

Le conseil de surveillance se compose de trois sociétaires nommés par l'assemblée générale. Leurs fonctions durent une année. Ils sont rééligibles.

Ils veillent à l'exécution des statuts et des délibérations de l'assemblée générale. Ils vérifient la caisse, le portefeuille, la comptabilité. Ils surveillent l'emploi des fonds prêtés par la caisse. Ils statuent sur les demandes d'emprunts présentées par des administrateurs ainsi que sur leur admission comme cautions. Ils se réunissent au moins une fois par mois et dressent un procès-verbal contenant leurs observations. Ce procès-verbal est communiqué au conseil d'administration. Ils peuvent, s'ils le jugent utile, convoquer l'assemblée générale.

c) **Assemblée générale.**

L'assemblée générale se compose de tous les sociétaires. Elle se réunit deux fois par an, au printemps et en automne. Elle peut aussi être convoquée à titre extraordinaire par le conseil d'administration, par le conseil de surveillance, ou sur une demande écrite portant la signature du cinquième des sociétaires et indiquant les objets à traiter.

Les convocations ont lieu par lettres adressées à chaque sociétaire au moins quatre jours à l'avance et contenant l'ordre du jour. L'avis de convocation sera également affiché à la porte du siège social.

L'assemblée est présidée par le président du conseil d'administration assisté de deux scrutateurs choisis par elle. Le secrétaire-comptable remplit les fonctions de secrétaire.

L'assemblée générale ne délibère valablement que si le nombre des présents atteint la moitié des sociétaires inscrits. Les procurations ne sont pas admises. A défaut il sera convoqué une seconde assemblée générale dans le délai de huit jours. Ses délibérations seront valables quel que soit le nombre des présents.

Les délibérations sont prises à la majorité des voix, à mains levées, et avec contre-épreuve. Si la moitié des présents le demande, on procède au scrutin secret. Chaque sociétaire n'a qu'une voix. En cas de partage, la voix du président est prépondérante.

L'assemblée générale du printemps prend connaissance des opérations effectuées pendant le premier semestre de l'exercice, se prononce sur les questions qui lui seraient soumises par le conseil d'administration, et notamment elle ratifie les nominations d'administrateurs prévues au troisième alinéa du § V, *a*). L'assemblée générale d'automne examine la gestion de l'exercice social, qui commence le 1er janvier et termine le 31 décembre de chaque année, et après avoir entendu la lecture du rapport du conseil de surveillance, approuve, s'il y a lieu, les comptes qui lui sont soumis, et en donne décharge au conseil.

Elle nomme les administrateurs et les commissaires de surveillance.

Elle détermine le maximum des emprunts et des engagements qui pourront être contractés, des dépôts qui pourront être reçus suivant le § 2, alinéa 1, lettre *a*) et le maximum du crédit qui pourra être consenti à un seul sociétaire pendant l'année.

Elle fixe le taux des dépôts et des avances conformément au § 2, alinéa 3 des statuts.

Elle statue en dernier ressort sur les admissions et exclusions de sociétaires.

Elle fixe toutes les amendes qu'elle juge nécessaires, afin de pourvoir à la régularité de l'administration et des opérations sociales.

d) **Secrétaire-comptable.**

Le secrétaire-comptable exécute les décisions du conseil d'administration. Il est chargé de la tenue des livres et de la gestion de la caisse. Il prépare les comptes à présenter aux assemblées générales. Ces comptes doivent être soumis au conseil d'administration, avec tous les documents justificatifs, au plus tard le 31 janvier de chaque année. Le secrétaire-comptable est responsable de tous les documents, valeurs et espèces qui lui sont consignés. Il remplit les fonctions de secrétaire du conseil d'administration et des assemblées générales.

§ VI

Dispositions diverses.

Les présents statuts, sauf en ce qui concerne la solidarité des membres l'absence de parts de capital, l'indivisibilité du fonds de réserve, la gratuité des fonctions administratives, dispositions qui ne pourront jamais subir aucun changement, peuvent être modifiés sur la proposition du conseil d'administration par une assemblée générale extraordinaire, composée et délibérant dans les conditions prévues ci-après.

L'assemblée générale qui aurait à statuer sur des modifications aux statuts ou sur la dissolution anticipée de la société devra se composer des trois quarts des sociétaires inscrits, et délibérera à la majorité des quatre cinquièmes des présents.

Avant toute opération, les statuts, avec la liste complète des administrateurs et des sociétaires, indiquant leurs nom, profession et domicile, seront déposés, en double exemplaire, au greffe de la justice de paix du canton de.............................

Chaque année, dans la première quinzaine de février, il sera déposé, en double exemplaire, à ce même greffe la liste des membres faisant partie de la société à cette époque, le tableau sommaire des recettes et des dépenses, ainsi que des opérations effectuées dans l'année précédente.

Les actes concernant la société seront communiqués au Centre Fédératif du crédit populaire en France.

FORMALITÉS A REMPLIR

POUR LA CONSTITUTION DE SOCIÉTÉS DE CRÉDIT AGRICOLE D'APRÈS LA LOI DU 5 NOVEMBRE 1894.

Il conviendra tout d'abord de tenir une réunion préparatoire des membres fondateurs, dans laquelle les statuts seront arrêtés et signés.

Pour les sociétés avec parts de capital, la souscription du capital et le versement du quart seront constatés par un état dressé conformément au modèle suivant :

CAISSE AGRICOLE DE..

Liste de souscription des parts et du premier versement effectué.

NOMS ET PRÉNOMS	PROFESSIONS	DOMICILES	PARTS SOUSCRITES		
			NOMBRE	MONTANT	VERSEMENTS EFFECTUÉS

On réunira ensuite l'assemblée générale des souscripteurs, qui aura à statuer sur l'ordre du jour suivant :

Vérification de la liste de souscription des parts sociales et des versements effectués.

Nomination du conseil d'administration.

Nomination de la commission de surveillance.

Fixation du maximum des dépôts.

Fixation du maximum des emprunts et du maximum du crédit individuel.

Fixation des taux des dépôts et des prêts.

L'ordre du jour pour les caisses à solidarité sera conforme à celui indiqué au chapitre III § 4, p. 32.

La loi du 5 novembre 1894 exige que les statuts déterminent le maximum des dépôts à recevoir en compte-courant, ainsi que les prélèvements qui seront opérés au profit de la société sur les opérations faites par elle. Ce sont des questions qui concernent plutôt le conseil d'administration et l'assemblée générale. Il est en effet impossible de prévoir dans les statuts constitutifs les sommes que la société pourra utiliser dans le cours de son existence sous la forme de dépôts, ainsi que le taux d'intérêt qu'elle aura à prélever sur les opérations. S'il en était ainsi, il faudrait trop souvent modifier les statuts. Nous croyons avoir obvié à cet inconvénient en insérant dans nos projets de statuts des limites maxima pour le montant des dépôts et pour les prélèvements à opérer sur les opérations. Nous avons réservé à l'assemblée générale le pouvoir de fixer chaque année le maximum des dépôts, les taux des intérêts des prêts, et les commissions, mais dans la mesure de ces limites. Nous lui avons conféré en outre le pouvoir de fixer le maximum des emprunts pouvant être contractés pendant l'année, le maximum du crédit individuel, et le taux d'intérêt à allouer aux dépôts.

Il sera dressé de l'assemblée un procès-verbal d'après le modèle ci-après :

CAISSE AGRICOLE COOPÉRATIVE DE..................................

Société constituée d'après la loi du 5 novembre 1894

PROCÈS-VERBAL DE L'ASSEMBLÉE GÉNÉRALE CONSTITUTIVE

L'an.................................le.............................à..........heures du..............
les sociétaires fondateurs de la Caisse agricole coopérative de.................................,
société régie par la loi du 5 novembre 1894, se sont réunis en assemblée générale constitutive à (1)..................................

L'assemblée, après s'être consultée, choisit le bureau.

Sont élus :

Président : M. ....

Scrutateurs : M. ....et M. ....

Secrétaire : M. ....

tous acceptant.

Le président annonce que l'assemblée est en nombre et peut valablement délibérer.

Il dépose sur le bureau la liste de souscription des parts sociales et des versements effectués (p. 99). Il résulte de cette liste qu'il a été souscrit par..............membres ....parts s'élevant à fr...............................sur lesquels il a été versé fr. ....(2).

Il rappelle que d'après les statuts, la société doit être administrée par un conseil composé de trois membres.

Après avoir délibéré entre eux, les sociétaires proposent de nommer administrateurs MM. ....

Il est procédé au vote, et après épreuve, sont nommés administrateurs MM. ....
....

L'assemblée désigne ensuite trois membres du conseil de surveillance. On procède au vote, et après épreuve, sont nommés MM. ....

Les administrateurs et les commissaires ont déclaré accepter ces fonctions.

L'assemblée fixe à fr..................................., le maximum des engagements que la caisse pourra contracter pendant le premier exercice tant sous la forme d'emprunts que sous celle de dépôts.

Elle décide que le maximum du crédit individuel ne pourra pas dépasser fr...............

(1) Indiquer la ville et le local où l'assemblée est tenue.

(2) Dans le cas de sociétés sans parts de capital, ce paragraphe sera supprimé.

Elle fixe comme suit les taux des prêts, des emprunts et des dépôts :

Taux des prêts ....%
Taux des emprunts.......%
Dépôts d'épargne ....%
Dépôts à échéance fixe :
à 6 mois ....%
à 1 an ....%
à 2 ans ....%
à 3 ans ....%
à 4 ans ....%
à 5 ans ....%

Rien n'étant plus à l'ordre du jour, le président annonce que le conseil d'administration va se réunir pour nommer son président, le secrétaire-comptable, arrêter le règlement intérieur, et prendre les dernières dispositions en vue de l'ouverture des opérations de la Caisse, qui est fixée au..

La séance est levée à .... heures.

(*Suivent les signatures du président, des scrutateurs et du secrétaire*).

MODÈLE DE FEUILLE DE PRÉSENCE POUR ASSEMBLÉE GÉNÉRALE

NOMS ET PRÉNOMS	DOMICILES	NOMBRE DE PARTS	SIGNATURES

Les statuts seront enregistrés. Le droit pour les sociétés avec parts de capital est proportionnel; pour les sociétés sans parts de capital, il n'est que de fr. 3,75.

D'après l'art. 5 § 2 de la loi précitée, avant toute opération, il faudra déposer au greffe de la justice de paix du canton où la société a son siège principal:

1. — Deux exemplaires des statuts;

2. — Deux exemplaires de la liste complète des administrateurs ou directeurs et des sociétaires indiquant leurs noms, professions, domiciles et, pour les sociétés avec parts de capital, le montant de chaque souscription. Le greffier 'en donnera récépissé.

Il résulte des solutions arrêtées entre les Ministères de la justice et des finances :

1. — Que les récépissés que les greffiers des justices de paix délivrent, dans tous les cas, lors de ces dépôts, ne sont pas sujets à enregistrement dans un délai déterminé, mais doivent être rédigés sur papier frappé du timbre de dimension ;

2. — Que les greffiers des justices de paix et des tribunaux de commerce sont, d'une manière générale et absolue, dispensés de dresser actes des dépôts qui leurs sont faits en exécution de l'art. 5 de la loi du 5 novembre 1894.

3. — Que les pièces à déposer présentées sous formes d'imprimés ou de simples copies signées ou non par les représentants de la société sont exemptes du timbre, à moins qu'elles ne soient établies sous la forme d'actes réguliers (1).

---

(1) Instruction du 5 octobre 1895 de la Direction générale de l'Enregistrement.

QUATRIÈME PARTIE

LA COMPTABILITÉ DES CAISSES AGRICOLES

LA COMPTABILITÉ

DES CAISSES AGRICOLES

La comptabilité de ces modestes associations doit être aussi simple que possible. Mais encore faut-il qu'elle forme un ensemble présentant le mouvement des écritures sous une forme claire et pratique, aboutissant à l'arrêté prompt et rationnel des situations mensuelles, du bilan et de l'inventaire annuel, et se prêtant facilement à tout contrôle.

Il ne s'agit pas de maintenir nos cultivateurs dans la routine des tenues de comptes primordiales ; il y a mieux à faire. La caisse agricole, nous l'avons dit, doit être, en même temps qu'une institution économique, une école de progrès. Or, mettre sous les yeux de ses membres un système de comptabilité plus moderne, pouvant à la fois leur fournir des indications utiles pour la tenue de leurs comptes particuliers, marquant un progrès sur les anciennes méthodes, n'est-ce pas un service à leur rendre?

On a prétendu que dans cet ordre d'idées, il était impossible d'innover, de progresser. On a dit que nos agriculteurs auraient reculé devant un système de comptabilité tel que nous l'avons conçu. Une telle pensée ne peut avoir pour base que la supposition d'une intelligence bien médiocre chez nos agriculteurs. On se trompe cependant, et de beaucoup, car c'est précisément chez ces derniers que l'intelligence est plus pénétrante et plus réfléchie. De telles innovations sont à leur portée, et l'expérience nous le confirme. Grâce à l'instruction obligatoire si largement répandue, la jeunesse actuelle surtout est à la hauteur d'une telle besogne, et les instituteurs de nos communes rurales, qui sont tout désignés pour être les secrétaires-comptables de nos associations, en initiant leurs jeunes élèves à la comptabilité d'une caisse agricole, auront une excellente occasion de leur donner d'utiles leçons de choses. Ils les familiariseront ainsi avec l'institution, et prépareront de futurs partisans de l'idée, des membres actifs pouvant se rendre utiles à ces associations.

Notre système de comptabilité est calqué sur ceux de l'étranger, mais avec quelques simplifications. Nous l'avons vu fonctionner entre autres en Italie, et partout les conseils d'administration et les sociétaires nous ont paru satisfaits et fiers de leurs tenues de livres. En Belgique, le regretté M. Mahillon, directeur de la Caisse générale d'Épargne, et en Angleterre, l'éminent économiste M. Henry W. Wolff, ont préconisé dans leurs manuels des caisses agricoles le journal-caisse à colonnes, et ce serait vraiment rabaisser les agriculteurs français que de laisser croire qu'ils ne seront pas capables de faire ce que font couramment les agriculteurs de ces divers pays.

DES LIVRES ET IMPRIMÉS

Nous conseillons l'emploi des registres et imprimés suivants :

REGISTRES	IMPRIMÉS
1. Livre des sociétaires.	1. Demande pour devenir sociétaire.
2. Journal-caisse.	2. Demande de prêt.
3. Livre des emprunts contractés.	3. Billet à ordre pour prêt.
4. Livre des prêts accordés.	4. Billet à ordre pour emprunt.
5. Livre des déposants et des divers.	5. Carnet d'épargne.
6. Livre des inventaires.	6. Reçu de dépôt à échéance.
7. Livre des délibérations.	7. Modèle de Bilan.

Les caisses qui n'auraient qu'un mouvement peu important d'opérations pourraient se dispenser de tenir les livres n°s 3 et 4, le journal-caisse étant suffisant pour leur fournir les indications nécessaires sur la marche de ces deux comptes.

1° Livres des sociétaires

Il présente à première vue le mouvement d'entrée et sortie des sociétaires. Il se compose de neuf colonnes. La 1re reçoit le numéro d'ordre progressif des inscriptions ; la 2e la date de chaque inscription ; la 3e les noms, prénoms et professions des sociétaires ; la 4e et la 5e les mentions relatives à l'entrée et à la sortie des sociétaires, telles qu'adhésions, démissions, exclusions ; la 6e les signatures des membres adhérents ou démissionnaires ; (quant aux membres exclus, la ligne correspondante sera laissée en blanc, dans le cas où ils se refuseraient de signer); la 7e les signatures des administrateurs ; les 8e et 9e le nombre des sociétaires entrés et sortis. En cas de sortie, on placera à côté de l'inscription d'entrée des membres démissionnaires ou exclus les initiales D ou E, selon le cas, suivies du n° d'ordre de l'inscription de sortie. Lorsque l'on voudra connaître exactement le nombre des sociétaires faisant partie de la Caisse, il suffira d'additionner les colonnes des membres entrés et des sortis (colonnes 8 et 9) et de faire la différence. Pour les caisses à parts de capital, on n'aura qu'à ajouter une colonne destinée à l'inscription des mises de fonds.

LIVRE DES SOCIÉTAIRES DE LA CAISSE AGRICOLE COOPÉRATIVE DE ....

21 s/ 27

NUMÉRO PROGRESSIF	DATES		NOMS, PRÉNOMS ET PROFESSIONS DES SOCIÉTAIRES	MENTIONS		SIGNATURES (1)		SOCIÉTAIRES	
				D'ENTRÉE	DE SORTIE	DES SOCIÉTAIRES	DE 2 ADMINISTR AT.	ENTRÉS	SORTIS
1	2		3	4	5	6	7	8	9
	1896								
1	mai	1	*Selres Eugène, métayer E. 9*	adhésion		*Selres Eugène*	*J.-B Martin Perrin Jean*	1	
2	—	5	*Castillon Joseph, cultivateur D. 10*	—		*Castillon Joseph*	*J.-B Martin Perrin Jean*	1	
3	juin	10	*Perrier Louis, prop.-cultivateur*	—		*Perrier Louis*	*J.-B. Martin Perrin Jean*	1	
4	—	—	*Moreau Pierre, —*	—		*Moreau Pierre*	*J.-B. Martin Perrin Jean*	1	
5	—	25	*Bert Antoine, agriculteur*	—		*Bert Antoine*	*J.-B. Martin Perrin Jean*	1	
6	—	—	*Coste Pierre, propr.-cultivateur*	—		*Coste Pierre*	*J.-B. Martin Perrin Jean*	1	
7	juillet	20	*Prat Antoine, —*	—		*Prat Antoine*	*J.-B. Martin Perrin Jean*	1	
8	—	—	*Marcel Charles, agriculteur*	—		*Marcel Charles*	*J.-B. Martin Perrin Jean*	1	
9	août	20	*Selres Eugène, métayer*	—	*Exclu par décision de l'assemblée générale de ce jour.*		*J.-B. Martin Perrin Jean*		1
10	—	—	*Castillon Joseph, cultivateur*	—	*Démission*	*Castillon Joseph*	*J.-B. Martin Perrin Jean*		1
								8	2

(1) Tout sociétaire admis doit apposer sa signature sur le livre des sociétaires dans la colonne n° 6. Dans le cas où il ne saurait pas signer, on ne peut pas se contenter d'un signe de croix : il faut que cette formalité soit remplie par un mandataire porteur d'une procuration notariée.

2° Journal-Caisse

Ce registre sert à la fois de journal, de grand livre et de livre de caisse. Il se compose de deux parties, l'entrée et la sortie. Les opérations y sont inscrites au fur et à mesure qu'elles se présentent. On note à l'entrée dans la colonne n° 1 la date de chaque opération, dans le n° 2 les noms et prénoms des personnes qui versent de l'argent à la caisse, dans le n° 3 l'explication succincte de l'opération, dans le n° 4 les versements d'épargne, dans le n° 5 les versements à échéance fixe, dans le n° 6 les emprunts contractés par la Caisse, dans le n° 7 le montant des prêts remboursés par les sociétaires, dans le n° 8 les intérêts payés par les sociétaires pour chaque prêt qui leur est accordé, dans le n° 9 les opérations diverses, telles que retraits de fonds déposés par la société à une caisse d'épargne ou à une banque populaire, amendes, dons, etc., dans le n° 10 le montant de chaque opération (1). Le total de cette colonne donne le chiffre exact des sommes entrées dans la Caisse.

A la sortie, les colonnes 1, 2, 3 contiennent les indications de dates, noms et libellés des paiements faits par la Caisse, les n°s 4 et 5 les paiements de dépôts d'épargne et à échéance fixe, le n° 6 le remboursement des emprunts contractés par la Caisse, le n° 7 le montant *brut* des prêts par elle accordés (les intérêts encaissés sont inscrits dans la colonne respective à l'entrée), le n° 8 le montant des intérêts payés aux banques qui ont consenti des prêts à la société et aux clients qui lui ont déposé des fonds, le n° 9 les frais généraux, le n° 10 les opérations diverses, et le n° 11 le total des sommes déboursées par la Caisse.

(1) Les Caisses agricoles avec parts de capital n'auront qu'à ajouter une colonne en plus pour les encaissements opérés sur les parts sociales.

Entrée JOURNAL-CAISSE DE LA CAISSE AGRICOLE COOPÉRATIVE DE 26 s/39

DATE DE L'ENTRÉE 1		NOMS ET PRÉNOMS 2	MOTIFS 3	DÉPOTS d'épargne 4	DÉPOTS à échéance 5	EMPRUNTS CONTRACTÉS 6	PRÊTS ACCORDÉS 7	INTÉRÊTS PERÇUS 8	DIVERS 9	TOTAL DE L'ENTRÉE EN CAISSE 10
1896 mai	3	*Rivière Jean*	*Versement*	50 »						50 »
—	—	*Viers Louis*	*Dépôt à un an*		200 »					200 »
—	—	*Selves Eugène*	*Int. 5 °/o sur prêt de 200 fr. à 3 mois*					2 50		2 50
—	10	*Banque populaire*	*Emprunt à 3 mois*			500 »				500 »
—	—	*Castillon Joseph*	*Int. à 5 °/o sur prêt de 500 fr. à 3 mois*					6 25		6 25
—	—	*Nitard Marc*	*Amende pour avoir manqué à l'assemblée générale*						2 »	2 »
juin	17	*Perrier Louis*	*Int. à 5 °/o sur prêt de 300 à 3 mois*					3 75		3 75
—	—	*Banque populaire*	*Emprunt à 3 mois*			800 »				800 »
—	24	*Moreau Pierre*	*Int. à 5 °/o sur prêt de 500 fr. à 3 mois*					6 25		6 25
juillet	5	*Banque populaire*	*Emprunt à 3 mois*			1.000 »				1.000 »
—	—	*Bert Antoine*	*Int. à 5 °/o sur prêt de 600 fr. à 3 mois*					7 50		7 50
—	—	*Coste Pierre*	*Int. à 5 °/o sur prêt de 100 fr. à 3 mois*					5 »		5 »
—	19	*Rivière Jean*	*Versement*	400 »						400 »
août	3	*Selves Eugène*	*Remboursement d'un prêt*				200 »			200 »
—	—	*Banque populaire*	*Emprunt à 3 mois*			600 »				600 »
—	3	*Banque populaire*	*Retrait*						400 »	400 »
—	—	*Prat Antoine*	*Int. à 5 °/o sur prêt de 500 fr. à 3 mois*					6 25		6 25
—	—	*Marcel Charles*	— — —					6 25		6 25
—	—	*Castillon Joseph*	*Remboursement d'un prêt*				500 »			500 »
—	10	*Caisse d'épargne*	*Emprunt à 3 mois*			300 »				300 »
				450 »	200 »	3200 »	700 »	43 75	402 »	4995 75
							2800 »			
			Soldes au 10 août							
				450 »	200 »	3200 »	3500 »	43 75	402 »	4995 75
1896 août	10	*Report des soldes à nouveau*	*(voir page 121)*	441 14	202 20	2700 »			9 44	3352 75

JOURNAL-CAISSE DE LA CAISSE AGRICOLE COOPÉRATIVE DE ....

26 s/ 39

Sortie

DATE DE LA SORTIE 1		NOMS ET PRÉNOMS 2	MOTIFS 3	DÉPÔTS d'épargne 4	DÉPÔTS à échéance 5	EMPRUNTS CONTRACTÉS 6	PRÊTS ACCORDÉS 7	INTÉRÊTS PAYÉS 8	FRAIS GÉNÉRAUX 9	DIVERS 10	TOTAL DE LA Sortie de la Caisse 11
1896 mai	3	*Setrès Eugène*	*Prêt à 3 mois*				200 »				200 »
—	10	*Banque populaire*	*Intérêts à 4 °/o sur emprunt de 500 fr. à 3 mois*					5 »			5 »
—	—	*Castillon Joseph*	*Prêt à 3 mois*				500 »				500 »
juin	17	*Perrier Louis*	*Prêt à 3 mois*				300 »				300 »
—	—	*Banque populaire*	*Intérêts à 4 °/o sur emprunt de 800 fr. à 3 mois*					8 »			8 »
—	24	*Moreau Pierre*	*Prêt à 3 mois*				500 »				500 »
juillet	5	*Banque populaire*	*Intérêts à 4 °/o sur emprunt de 1000 fr. à 3 mois*					10 »			10 »
—	—	*Bert Antoine*	*Prêt à 3 mois*				600 »				600 »
—	—	*Coste Pierre*	*Prêt à 3 mois*				400 »				400 »
—	10	*Rivière Jean*	*Paiement*	10 »							10 »
—	—	*Papeterie coopérative*	*Fournitures de bureau*						1 »		1 »
—	19	*Banque populaire*	*Notre versement*							400 »	400 »
août	3	*Banque populaire*	*Intérêts à 4 °/o sur emprunt de 600 fr. à 3 mois*					6 »			6 »
—	—	*Prat Antoine*	*Prêt à 3 mois*				500 »				500 »
—	—	*Marcel Charles*	*Prêt à 3 mois*				500 »				500 »
—	10	*Banque populaire*	*Rembours. partiel d'un emprunt*			500 »					500 »
—	—	*Caisse d'épargne*	*Intérêt à 4 °/o sur emprunt de 300 fr. à 3 mois*					3 »			3 »
				10 »		500 »	3500 »	32 »	1 »	400 »	4443 »
			Soldes au 10 août	440	200	2700 »				2 »	552 75
				450 »	200	3200 »	3500 »	32 »	1 »	402 »	4995 75
1896 *août*	10	*Report des soldes à nouveau*	*(voir page 121)*				2800 »				2800 »

3° Livre des emprunts contractés.

Ce livre contient le détail de toutes les sommes empruntées sur billets, pour les besoins de la Caisse. Au fur et à mesure des échéances, on fera une croix à côté de chaque somme payée. Le total des sommes qui ne seront pas accompagnées de ce signe correspondra à la différence entre les colonnes de débit et de crédit " Emprunts contractés " du journal-caisse. Il représentera le montant des sommes dues de ce chef par la Caisse.

22 s/ 27

DATES DES EMPRUNTS		N^os D'ORDRE	PRÊTEURS	ÉCHÉANCES			TAUX	SOMMES EMPRUNTÉES			OBSERVATIONS
				ANNÉE	MOIS	JOUR					
1896											
mai	10	1	*Banque Populaire*	1896	*août*	10	4 °/°	F.	500	»	*remboursé*
juin	17	2	—	—	*septembre*	17	—	...	800	»	*renouvelé en totalité*
juillet	5	3	—	...	*octobre*	5	...	...	1000	»	*renouvelé pour 500 fr.*
août	3	4	—	...	*novembre*	3	...	...	600	»	*payé à échéance*
—	10	5	*Caisse d'épargne*	...	...	10	...	...	300	»	... ...
								F.	3200	»	

4° Livre des prêts accordés.

On inscrit sur ce livre le détail des prêts accordés aux sociétaires, en procédant de même que pour les " prêts contractés ". Le numéro d'ordre de chaque prêt sera indiqué en même temps sur l'effet correspondant. Le relevé des sommes qui ne seront pas marquées d'une croix représentera le montant des prêts en cours, et concordera avec le solde donné pour ce chapitre par le journal-caisse.

LIVRE DES PRÊTS ACCORDÉS

20 8/ 27

DATE DE L'ENTRÉE		N° D'ORDRE	EMPRUNTEURS	CAUTIONS	OBJET DU PRÊT	SOMMES	ÉCHÉANCES		DATE DE LA SORTIE		REMIS A	OBSERVATIONS
1896							1896		1896			
mai	3	1	*Selrès Eugène*	*Sans caution*	*Achat d'outils*	Fr. 200	*août*	3	*août*	3	*la Caisse*	*Encaissé*
—	10	2	*Castillon Joseph*	*Roger Antoine*	*Achat d'engrais*	» 500	—	10	—	10	—	*Encaissé*
juin	17	3	*Perrier Louis*	*Rey Aristide*	*Achat semences*	» 200	*sept.*	17	*sept.*	17	—	*Encaissé*
—	24	4	*Moreau Pierre*	*Michelis Antoine*	*Achat de bétail*	» 500	—	24	—	24	—	*Renouvelé p. 300 fr.*
juillet	5	5	*Bert Antoine*	*Lombard Louis*	— —	» 600	*octobre*	5	*octobre*	5	—	— *p. 400 fr.*
—	»	6	*Coste Pierre*	*Reboul Pierre*	*Achat d'engrais*	» 400	—	5	—	5	—	— *p. 200 fr.*
août	3	7	*Prat Antoine*	*Roux Charles*	*Travaux agric.*	» 500	*novem.*	3	*novem*	3	—	— *p. 300 fr.*
—	»	8	*Marcel Charles*	*Roger Clément*	*Achat d'engrais*	» 500	—	3	—	3	—	— *p. 400 fr.*
						Fr. 3.500						

5° Livre des déposants et des divers.

Ce livre contiendra le détail des comptes passés sur le journal-caisse dans la colonne des « déposants et des divers ». Il y sera ouvert un compte au nom de chaque déposant, des banques populaires et des caisses d'épargne avec lesquelles on serait en compte-courant. Si la Caisse avait des parts de capital, un compte serait également ouvert à chaque sociétaire constatant les parts souscrites et les versements effectués.

Il conviendra de partager ce registre en autant de parties que de comptes généraux, exemple :

1° Dépôts d'épargne ;
2° — à échéance ;
3° Parts sociales ;
4° Divers.

LIVRE DES DÉPOSANTS ET DES DIVERS

22 si 27

DATES			CAPITAL		INTÉRÊTS	
		1re PARTIE — DÉPOTS D'ÉPARGNE				
		RIVIÈRE JEAN				
1896 *mai*	3	*Versement*	Fr. 50	»		
juillet	10	*Paiement*	» 10	»		
		Intérêts de fr. 50 du 3 mai au 10 juillet à 3 °/o	Fr. 40	»	Fr. 0	28
—	19	*Versement*	» 400	»		
		Intérêts de fr. 40 du 10 au 19 juillet à 3 °/o	Fr. 440	»	» 0	03
août	10	*Intérêts de fr. 440 du 19 juillet au 10 août à 3 °/o*			» 0	80
					Fr. 1	11
		2e PARTIE — DÉPOTS A ÉCHÉANCE				
		VIERS LOUIS				
1896 *mai*	3	*Son dépôt à un an à 4 °/o*	Fr. 200	»		
1897 *mai*	3	*Intérêts d'un an à 4 °/o*			Fr. 8	»
»	»	*Paiement pour solde*	» 200	»	» 8	»
		3e PARTIE — PARTS SOCIALES.				
		CASTILLON JOSEPH				
		Souscription de part à fr.				
		Versement effectué (1)				
		(1) A chaque versement on fera la soustraction de façon à avoir toujours devant les yeux le solde restant dû				
		4e PARTIE — DIVERS.				
		BANQUE POPULAIRE				
1896 *juillet*	19	*Notre versement*	Fr. 400	»		
août	3	*Retrait*	» 400	»		
		Intérêts de fr. 400 du 19 juillet au 3 août à 4 °/o			Fr. 0	65
					Fr. 0	65

BALANCE MENSUELLE DES ÉCRITURES

A la fin de chaque mois le secrétaire-comptable fait les additions de toutes les colonnes du journal-caisse, il établit les différences ou soldes entre les colonnes de l'entrée et celles de la sortie, et obtient en quelques minutes la balance des écritures.

En prenant comme exemple les écritures figurant au journal-caisse, on obtient la balance suivante :

DÉSIGNATION DES COMPTES	TOTAUX DE L'ENTRÉE		TOTAUX DE LA SORTIE		SOLDES			
					DÉBITEURS		CRÉDITEURS	
Dépôts d'épargne	F. 450	»	F. 10	»	F. »	»	F. 440	»
Dépôts à échéance	— 200	»	— »	»	— »	»	— 200	»
Emprunts contractés	— 3200	»	— 500	»	— »	»	— 2700	»
Prêts accordés	— 700	»	— 3500	»	— 2800	»	— »	»
Intérêts perçus	— 43	75	— »	»	— »	»	— 43	75
Divers	— 402	»	— 400	»	— »	»	— 2	»
Intérêts payés	— »	»	— 32	»	— 32	»	— »	»
Frais généraux	— »	»	— 1	»	— 1	»	— »	»
Solde en caisse	— »	»	— 552	75	— 552	75	— »	»
	F. 4995	75	F. 4995	75	F. 3385	75	F. 3385	75

VÉRIFICATION MENSUELLE DU COMPTE

DES DÉPOSANTS ET DES DIVERS

A la fin de chaque mois le secrétaire-comptable fera les relevés détaillés du registre des déposants et divers. Le total de ces relevés correspondra avec le chiffre obtenu par la différence entre les colonnes de débit et de crédit du journal-caisse.

Relevé des dépôts d'épargne

Rivière Jean, créditeur . . . . . fr. 440 00.

Relevé des dépôts à échéance

Viers Louis, créditeur . . . . . fr. 200 00.

Relevé des parts sociales

Castillon Joseph, débiteur . . . . fr.............

Relevé des divers

Banque Populaire de.................débitrice fr.............

6° Livre des Inventaires

Le livre des inventaires contiendra le relevé de toutes les valeurs actives et passives de la Caisse inscrites sous la désignation des comptes figurant au journal-caisse. On inscrira sur le côté gauche, destiné à l'actif de la Caisse, le détail des prêts accordés, des débiteurs divers, et le solde en caisse. Sur le côté droit, destiné au passif, on inscrira le détail des emprunts contractés, des dépôts d'épargne, des dépôts à échéance, des parts sociales, s'il y a lieu, et les bénéfices nets. Ces bénéfices sont représentés par la différence entre les intérêts perçus et les intérêts payés, déduction faite des frais généraux. Mais si l'on se bornait à cette opération, on n'obtiendrait pas un résultat rigoureusement exact. En effet, du moment où, à l'époque de l'arrêté de l'inventaire, il reste dans le portefeuille de la Caisse des effets qui ne sont pas encore échus, la Caisse ne peut pas s'attribuer la totalité des intérêts qu'elle a perçus sur les mêmes. Elle ne peut s'attribuer que les intérêts courus du jour de l'opération jusqu'à la date de l'inventaire. Il faudra en conséquence calculer les intérêts à courir depuis cette dernière date jusqu'à l'échéance de chaque effet.

Ainsi, prenons pour exemple les écritures que nous avons données au journal-caisse, et supposons que nous arrêtions l'inventaire à la date du 10 août.

Il reste à échoir six prêts, savoir :

1	Perrier Louis	fr.	300 »	au 17 septembre	Intérêts perçus		fr.	3 75
2	Moreau Pierre	—	500 »	— 24 —	—	—	—	6 25
3	Bert Antoine	—	600 »	— 5 octobre	—	—	—	7 50
4	Costa Pierre	—	400 »	— — —	—	—	—	5 »
5	Prat Antoine	—	500 »	— 3 novembre	—	—	—	6 25
6	Marcel Charles	—	500 »	— — —	—	—	—	6 25
							fr.	35 »

Il est évident qu'en arrêtant l'inventaire à la date du 10 août, nous ne pouvons pas nous attribuer la totalité de ces intérêts, mais seulement la partie comprise entre la date de chaque prêt et le 10 août. Nous aurons à reporter à nouveau la partie d'intérêts à courir du 10 août jusqu'à l'échéance de chaque prêt.

L'opération à faire sera la suivante :

1	Perrier Louis	fr. 300 »	Intérêts à 5 % du 10 août au 17 septembre	fr.	1 55
2	Moreau Pierre	— 500 »	— — — 24 —	—	3 10
3	Bert Antoine	— 600 »	— — — 5 octobre	—	4 65
4	Costa Pierre	— 400 »	— — — — —	—	3 10
5	Prat Antoine	— 500 »	— — — 3 novembre	—	5 90
6	Marcel Charles	— 500 »	— — — — —	—	5 90
			Intérêts à échoir sur prêts accordés	fr.	24 20

Le montant des intérêts perçus revenant à l'exercice que nous clôturons à la date du 10 août est de fr. 35 00, plus 8,75 intérêts sur prêts remboursés (voir journal-caisse p. 112) = fr. 43,75 moins fr. 24,20 intérêts à échoir, savoir fr. 19,55.

On procèdera de même pour les emprunts contractés. Il en existe 4, savoir :

1	fr. 800 »	au 17 septembre 1896	Intérêts payés	fr.	8 »
2	— 1.000 »	— 5 octobre —	— —	—	10 »
3	— 600 »	— 3 novembre —	— —	—	6 »
4	— 300 »	— 10 — —	— —	—	3 »
				fr.	27 »

Il y a lieu de calculer les intérêts à courir du 10 août jusqu'à l'échéance de chaque emprunt, savoir :

1	fr. 800 »	Intérêts du 10 août au 17 septembre 1896 à 4 %	fr.	3 40
2	— 1.000 »	— — — — 5 octobre — —	—	6 20
3	— 600 »	— — — — — 3 novembre — —	—	5 65
4	— 300 »	— — — — — 10 — — —	—	3 »
		Intérêts à échoir sur emprunts contractés	fr.	18 25

Le montant des intérêts payés attribuables à l'exercice clôturé sera donc de fr. 27,00 + 5,00 intérêts payés sur un emprunt échu et remboursé (voir journal-caisse p. 113) = fr. 32,00, moins fr. 18,25 intérêts à échoir, savoir fr. 13,75.

Il faudra également calculer les intérêts des dépôts d'épargne et des dépôts à échéance.

Ainsi, dans notre cas, M. Rivière Jean a versé le 3 mai fr. 50,00 en compte d'épargne,et à la date du 10 juillet il a retiré 10 fr. Nous lui devons les intérêts de fr. 50,00 du 3 mai jusqu'au 10 juillet, savoir fr. 0,28. Le 19 juillet il a versé de nouveau fr. 400,00 ; nous lui devons les intérêts de fr. 40 représentant la balance de son compte au 10 juillet, depuis cette date jusqu'au 19 juillet, savoir fr. 0.03, et comme nous arrêtons notre inventaire à la date du 10 août. nous lui devons les intérêts de fr. 440 du 19 juillet au 10 août, soit fr. 0 80. A cette date, le solde de son compte sera par conséquent de :

fr. 440 00 + 0 28 + 0 03 + 0 80 = fr. 441,11.

M. Viers Louis a déposé le 3 mai fr. 200 à un an de date à 4 %. Au 10 août nous lui devons en plus du capital, les intérêts à 4 % depuis le 3 mai jusqu'à cette date, soit fr. 2.20. Le solde de son compte au 10 août sera donc de fr. 202,20.

Le compte avec la Banque populaire sera également arrêté. A la date du 19 juillet, nous avons versé fr. 400 que nous avons retirés le 3 août suivant; la Banque populaire nous doit par conséquent les intérêts de cette somme du 19 juillet au 3 août, soit à 4 % fr. 0,65.

Après avoir établi ces divers calculs, l'inventaire sera dressé comme suit :

LIVRE DES INVENTAIRES

INVENTAIRE DE LA CAISSE AGRICOLE COOPERATIVE DE ....

AU 10 AOUT 1896

ACTIF	SOMMES	
PRÊTS ACCORDÉS		
Perrier Louis au 17 septembre 1896	Fr. 300	»
Moreau Pierre au 24 —	» 500	»
Bert Antoine au 5 octobre 1896	» 600	»
Costa Pierre — —	» 400	»
Prat Antoine au 3 novembre 1896	» 500	»
Marcel Charles — —	» 500	»
	fr. 2800	»
CAISSE		
5 billets de 100 fr. fr. 500		
2 pièces de 20 fr. — 40		
2 — 5 fr. — 10		
Monnaie divisionnaire — 2		
Sous — 0.75	fr. 552	75
DIVERS		
Banque Populaire		
Intérêts sur compte courant.		65
Intérêts à échoir sur emprunts contractés	» 18	25
	fr. 3371	65

PASSIF	SOMMES	
EMPRUNTS CONTRACTÉS		
Banque populaire au 17 septemb. 1896	Fr. 800	»
— — 5 octobre —	» 1000	»
— — 3 novembre —	» 600	»
— — 10 — —	» 300	»
	fr. 2700	»
DÉPOTS D'ÉPARGNE		
Rivière Jean, solde de son compte, intérêts compris.	» 441	11
DÉPOTS A ÉCHÉANCE		
Viers Louis, dépôt à un an, intérêts compris.	» 202	20
DIVERS		
Intérêts à échoir sur prêts accordés. .	Fr. 24	20
Bénéfice net	» 4	14
	Fr. 3371	65

LE PRÉSIDENT

LES MEMBRES DU CONSEIL D'ADMINISTRATION   LES MEMBRES DU CONSEIL DE SURVEILLANCE

LE SECRÉTAIRE-COMPTABLE

DÉMONSTRATION DU COMPTE DES BÉNÉFICES

ENTRÉE	SOMMES	
Intérêts perçus	43	75
Intérêts sur compte courant à la Banque populaire		65
Intérêts à échoir sur emprunts contractés	18	25
Amende	2	»
	64	65

SORTIE	SOMMES	
Intérêts payés.	32	...
Intérêts aux dépôts d'épargne	1	11
— — à échéance. . . .	2	20
— à échoir sur prêts accordés .	24	20
Frais généraux.	1	...
Bénéfice net.	4	14
	64	65

REPORT A NOUVEAU DES COMPTES

SUR LE JOURNAL CAISSE

Après avoir établi l'inventaire, il y aura lieu de reporter à nouveau les soldes des divers comptes figurant sur le journal-caisse.

Ainsi qu'on le verra par l'exemple donné p. 112-113 le journal-caisse a été arrêté le 10 août, date fixée pour l'établissement de l'inventaire. En rapprochant les soldes obtenus en faisant les soustractions des diverses colonnes de débit et de crédit de ce registre, des soldes portés sur l'inventaire, on remarquera les différences suivantes :

	Journal-caisse		Inventaire		Différence
Dépôts d'épargne	fr.	440 »	fr.	441 11	fr. 1 11 montant des intérêts
— à échéance	—	200 »	—	202 20	— 2 20 — —
Emprunts contractés	—	2.700 »	—	2.700 »	pas de changement
Prêts accordés	—	2.800 »	—	2.800 »	— —
Intérêts perçus	—	43 75	—	» »	Ils ont été liquidés
— payés	—	32 »	—	» »	— —
Frais généraux	—	1 »	—	» »	— —
Caisse	—	552 75	—	552 75	pas de changement
Divers	—	2 »	—	9 44	fr. 7 44

La formation de ce chiffre de fr. 9,44 inscrit sous la rubrique des divers exige quelques explications.

Le solde de ce compte était, le 10 août, de fr. 2 représentant le montant d'une amende perçue à la date du 10 mai, qui, comme on peut le voir par la démonstration du compte des bénéfices, est venue s'ajouter aux bénéfices de l'exercice. Ce compte se trouverait ainsi soldé. Mais en examinant l'inventaire, on remarque que plusieurs comptes y figurent qui n'ont pas sur le journal-caisse des colonnes spéciales, et qui y sont englobés dans une colonne unique sous la désignation « Divers ». Ces comptes sont à l'actif, la *Banque populaire* débitrice de 0,65 et *les intérêts à échoir sur emprunts contractés* débiteurs de fr. 18,25; au passif, *les intérêts à échoir sur prêts accordés* fr. 24,20 et *le bénéfice net* fr. 4,14. Le solde du compte «Divers» se composera en conséquence de fr. 24,20 + 4,14 = 28,34 — 0,65 + 18,25 = fr. 18,90, différence fr. 9,44.

Les soldes à reporter à nouveau pour commencer le nouvel exercice seront donc les suivants :

ENTRÉE : Emprunts contractés, fr. 2.700 00 + Dépôts d'épargne, fr. 441 11 + Dépôts à échéance, fr. 202 20 + Divers, fr. 9 44. Total fr. 3.352 75

SORTIE : Prêts accordés, fr. 2.800 00 — 2.800 00

Différence entre l'entrée et la sortie........... fr. 552 75 représentant le solde en caisse.

Les soldes ainsi établis ont été reportés à nouveau sur le modèle du journal-caisse, p. 112-113.

MODÈLES D'IMPRIMÉS

1° — DEMANDE POUR DEVENIR SOCIÉTAIRE

25 s/ 17

CAISSE AGRICOLE COOPÉRATIVE

de ....

SOCIÉTÉ EN NOM COLLECTIF A CAPITAL VARIABLE (1)

le...*18*.....

Le soussigné (1)..

domicilié à..

exerçant la profession de..

demande d'être admis à faire partie de la Caisse agricole Coopérative de .... *et déclare à l'avance se soumettre aux dispositions contenues dans les statuts, dans les règlements, ainsi qu'aux délibérations du Conseil d'administration et des Assemblées générales.*

SIGNATURE :

....

Demande appuyée par M (2)..

Résultat (3)...*par délibération du Conseil en date du*..

(1) Nom et prénoms.
(2) Nom et prénoms de la personne qui appuie la demande.
(3) Admis ou refusé.

(1) Ou régie par la loi du 5 novembre 1894.

2° — DEMANDE DE PRÊT

CAISSE AGRICOLE COOPÉRATIVE

de...

SOCIÉTÉ EN NOM COLLECTIF A CAPITAL VARIABLE (1)

le...*18*......

Le soussigné (1)...

domicilié à...

demande un prêt de (2)...

ou le renouvellement d'un prêt de...

OBJET :

....

....

....

....

déclarant se soumettre aux dispositions statutaires et notamment à celles contenues dans le § 2 des statuts que le requérant dit parfaitement connaître.

Il s'engage à rembourser la somme empruntée comme suit : (3)

....

....

....

Il offre comme caution (4)...

....

SIGNATURE :

....

(1) Nom et prénoms.
(2) Somme (en toutes lettres).
(3) Somme et date de chaque échéance.
(4) Nom et prénoms de la caution.

(1) Ou régie par la loi du 5 novembre 1894.

3° BILLET A ORDRE POUR PRÊT ACCORDÉ

.... *le* .... *18*.... *B.P.F.*........

A .... *mois de date je paierai* (1) *à l'ordre de la Caisse agricole coopérative de* .... *la somme de francs* ....

valeur reçue comptant.

Bon pour caution de fr......... *Bon pour la somme de fr.*........

Signature de la caution........ *Signature de l'emprunteur*........

Timbre mobile de 0.05 pour cent

Payable à (3) ....

(1) Si la caution s'oblige solidairement, on écrira *nous paierons conjointement et solidairement.*
(2) La mention *Bon pour la somme de* doit être écrite de la main de l'emprunteur. Elle peut être supprimée dans les cas où l'emprunteur ne saurait qu'écrire son nom. Même remarque pour la caution.
(3) Indiquer le lieu où l'effet est payable.

4° BILLET A ORDRE POUR EMPRUNT CONTRACTÉ

.... *le* .... *18*.... *B.P.F.*........

A .... *mois de date, la Caisse agricole coopérative de* ....

paiera à l'ordre de ....

la somme de francs ....

valeur reçue comptant.

Payable à ....

DEUX ADMINISTRATEURS

....

....

Timbre mobile de 0.05 pour cent

N° 5 — CERTIFICAT DE PARTS SOCIALES *(recto)* (1)

SOUCHE — 25 s. 17

N° .... *Série* ....

Folio du livre des sociétaires ....

.... *le* .... 18 ....

M. ....

demeurant à ....

rue ....

Parts souscrites N° ....

1er versement du quart Fr. ....

2e ....

3e ....

4e ....

5e ....

6e ....

7e ....

8e ....

9e ....

10e ....

11e ....

CAISSE AGRICOLE COOPÉRATIVE DE

N° .... *Série* ....

CAISSE AGRICOLE COOPÉRATIVE DE ....

Société constituée d'après la loi du 5 novembre 1894

CERTIFICAT DE PARTS SOCIALES

M. ....

demeurant à .... *rue* .... *N°* ....

est inscrit sur le livre des sociétaires pour ....

part de .... *francs chaque sur lesquelles il a*

opéré le premier versement du quart en francs ....

.... *le* .... 18 ....

Le Secrétaire-Comptable — Deux Administrateurs

Timbre quittance

Folio du livre des sociétaires ....

(1) Les certificats de parts ne sont soumis qu'au droit ordinaire de timbre d'après la dimension du papier employé. Les dimensions données pour le modèle ci-dessus, la souche non comprise, donneraient lieu à l'application d'un timbre de 0.60. Il est dû en plus un droit de 0.50 °/₀ avec décimes lors de la présentation des actes de cession à la formalité de l'enregistrement.

CERTIFICAT DE PARTS SOCIALES *(verso)*

25 s/ 17

PAIEMENT DES DIVIDENDES		VERSEMENTS	TRANSFERTS	SOUCHE
Exercice ...... *Fr.*	*Exercice* ...... *Fr.*	*Reçu le second versement.* Le Secrétaire-comptable Deux Administrateurs	*Transféré à M.* ...... *le* ...... *18* ...... Le cessionnaire Le cédant	
Exercice ...... *Fr.*	*Exercice* ...... *Fr.*	*Reçu le troisième versement.* Le Secrétaire-comptable Deux Administrateurs	*Transféré à M.* ...... *le* ...... *18* ...... Le cessionnaire Le cédant	
Exercice ...... *Fr.*	*Exercice* ...... *Fr.*	*Reçu le quatrième versement.* Le Secrétaire-comptable Deux Administrateurs	*Transféré à M.* ...... *le* ...... *18* ...... Le cessionnaire Le cédant	
Exercice ...... *Fr.*	*Exercice* ...... *Fr.*	*Reçu le cinquième versement.* Le Secrétaire-comptable Deux Administrateurs	*Transféré à M.* ...... *le* ...... *18* ...... Le cessionnaire Le cédant	
Exercice ...... *Fr.*	*Exercice* ...... *Fr.*	*Reçu le sixième versement.* Le Secrétaire-comptable Deux Administrateurs	*Transféré à M.* ...... *le* ...... *18* ...... Le cessionnaire Le cédant	
Exercice ...... *Fr.*	*Exercice* ...... *Fr.*	*Reçu le septième versement.* Le Secrétaire-comptable Deux Administrateurs	*Transféré à M.* ...... *le* ...... *18* ...... Le cessionnaire Le cédant	
Exercice ...... *Fr.*	*Exercice* ...... *Fr.*	*Reçu le huitième versement.* Le Secrétaire-comptable Deux Administrateurs	*Transféré à M.* ...... *le* ...... *18* ...... Le cessionnaire Le cédant	
Exercice ...... *Fr.*	*Exercice* ...... *Fr.*	*Reçu le neuvième versement.* Le Secrétaire-comptable Deux Administrateurs	*Transféré à M.* ...... *le* ...... *18* ...... Le cessionnaire Le cédant	
Exercice ...... *Fr.*	*Exercice* ...... *Fr.*	*Reçu le dixième versement.* Le Secrétaire-comptable Deux Administrateurs	*Transféré à M.* ...... *le* ...... *18* ...... Le cessionnaire Le cédant	
Exercice ...... *Fr.*	*Exercice* ...... *Fr.*	*Reçu le onzième versement.* Le Secrétaire-comptable Deux Administrateurs	*Transféré à M.* ...... *le* ...... *18* ...... Le cessionnaire Le cédant	

NOTA. — Chaque reçu sera accompagné d'un timbre quittance si le montant des parts est supérieur à dix francs.

6° — CARNET D'ÉPARGNE

Le carnet dont suit le modèle, n'étant au fond qu'une copie de compte, et ne portant aucune signature, les mentions de versement n'exigent pas l'apposition d'un timbre quittance.

Les déposants auront soin de se conformer au règlement des comptes d'épargne dont il sera bon de leur remettre un exemplaire.

Toutes les opérations seront inscrites en même temps que sur le carnet, sur le journal-caisse et sur le registre des déposants, en présence des administrateurs et du titulaire du carnet.

Le solde du carnet sera établi à chaque versement ou à chaque paiement, et, comme contrôle, les administrateurs n'auront qu'à rapprocher le carnet du registre des déposants, dont le solde sera également arrêté à chaque mouvement d'écritures.

Les mentions de paiement seront inscrites sur le carnet de la main du titulaire, par la mention *reçu*, précédée de la date ; les mentions de versement seront inscrites de la main du secrétaire-comptable au moyen de la mention *versé*, précédée de la date.

Ce système de carnet est conseillé en vertu de la résolution suivante adoptée par le VIIe Congrès du crédit populaire et agricole tenu à Nîmes en 1895.

« Le Congrès conseille aux sociétés de crédit populaire, afin d'éviter les frais de timbre, de suivre la disposition de l'article 1332 du Code civil, qui donne force libératoire à l'écriture mise par le créancier à la suite, en marge ou au dos d'un titre. Au surplus, il estime que dans le but de favoriser la petite épargne, les sociétés de crédit pourraient, au besoin, prendre à leur charge les frais de timbre ».

MODÈLE DE CARNET D'ÉPARGNE

COUVERTURE

17 s/ 11

COPIE

DU

COMPTE D'ÉPARGNE

de M ....

AVEC LA

CAISSE AGRICOLE COOPÉRATIVE

de ....

1re PAGE

2e PAGE

DATES DES PAIEMENTS	PAIEMENTS	SOMMES	DATES DES VERSEMENTS	VERSEMENTS	SOMMES	SOLDE A ÉTABLIR A CHAQUE OPÉRATION

7° — REÇU DE DÉPOT A ÉCHÉANCE

14 S/ 20

CAISSE AGRICOLE COOPÉRATIVE DE..

Société en nom collectif à capital variable (1)

N°..................... *B.P.F.*.....................

Reçu de.. *la somme de*

francs...

remboursable le..

avec intérêts à raison de............%₀ *par an*...................

..........................*le*..............................*18*.....

LE SECRÉTAIRE-COMPTABLE

....

DEUX ADMINISTRATEURS

....

....

Timbre mobile
de 0,05
pour cent

(1) Ou société régie par la loi du 5 novembre 1894.

8° — MODÈLE DE BILAN

22 s/ 17

CAISSE AGRICOLE COOPÉRATIVE DE ....

SOCIÉTÉ EN NOM COLLECTIF A CAPITAL VARIABLE (1)

Bilan au 10 août 1896.

ACTIF			PASSIF		
Prêts accordés.......	F. 2800	»	*Emprunts contractés*	F. 2700	»
Caisse........	» 552	75	*Dépôts d'épargne*.....	» 441	11
Banque populaire....		65	*Dépôts à échéance*....	» 202	20
Intérêts à échoir sur emprunts contractés	» 18	25	*Intérêts à échoir sur prêts accordés*.....	» 24	20
			Bénéfice net...	» 4	14
	F. 3371	65		F. 3371	65

Dans un but d'économie, on pourrait ne faire imprimer que le journal-caisse, les carnets d'épargne et les demandes d'admission et de prêts. Pour les autres livres, le secrétaire-comptable pourrait se servir de cahiers qu'il tracerait lui-même, d'après les modèles contenus dans le présent manuel. Ainsi, avec une dépense minime (2), la caisse aurait le matériel nécessaire à son fonctionnement.

Pour tous renseignements, s'adresser à l'auteur, à Menton (Alpes-Maritimes).

(1) Ou société régie par la loi du 5 novembre 1894.

(2) Voir Tarif p. 139.

TABLEAU

POUR FACILITER LE CALCUL DES INTÉRÊTS

Donnant les intérêts de Fr. 100 à 3, 3 1/2, 4, 4 1/2, 5, 5 1/2 et 6 pour cent pour 1, 5, 10, 15, 20, 25 et 30 jours

JOURS	à 3 %			à 3 1/2 %			à 4 %			à 4 1/2 %			à 5 %			à 5 1/2 %			à 6 %			JOURS
	F.	C.		F.	C.		F.	C.		F.	C.		F.	C.		F.	C.		F.	C.		
1	0	0	83	0	0	97	0	01	11	0	01	25	0	01	38	0	01	52	0	01	66	1
5	0	04	16	0	04	86	0	05	55	0	06	25	0	06	94	0	07	63	0	08	33	5
10	0	08	33	0	09	72	0	11	11	0	12	50	0	13	88	0	15	27	0	16	66	10
15	0	12	50	0	14	58	0	16	66	0	18	75	0	20	82	0	22	91	0	25	—	15
20	0	16	66	0	19	44	0	22	22	0	25	—	0	27	77	0	30	55	0	33	33	20
25	0	20	83	0	24	30	0	27	77	0	31	25	0	34	70	0	38	18	0	41	66	25
30	0	25	—	0	29	16	0	33	33	0	37	50	0	41	66	0	45	83	0	50	—	30

Exemple: Pour connaître le montant des intérêts de F. 1.000 à 45 jours à 5 %, il suffira de faire l'opération suivante:

F. 100 p. 30 jours à 5 % = F. 0,41,66
F. 100 p. 15 jours à — — = F. 0,20,82
45 F. 0,62,48 × 10 = F. 6.24,80 ou 6,25 en chiffres ronds.

TARIF DES LIVRES ET IMPRIMÉS

POUR LES CAISSES AGRICOLES

L'Imprimerie Coopérative Mentonnaise, rues Prato et Ardoino, à Menton (Alpes-Maritimes), se charge aux conditions les plus réduites de la confection des livres et imprimés des caisses agricoles.

Moyennant 40 fr. elle s'engage à livrer :

Registres

	FR.	CENT.	
Livre des Sociétaires, 25 pages.	2	»	par unité.
Journal-Caisse, 50 pages.	2	50	—
Livre des emprunts contractés, 30 pages. . . .	2	»	—
Livre des prêts accordés, 30 pages.	2	»	—
Livre des déposants et divers, 30 pages. . . .	2	»	—
Livre des inventaires, 20 pages.	2	»	—
Livre des délibérations, 50 pages.	2	50	—

NOTA. — Le prix de ces registres pris par quantités subirait une notable diminution.

Imprimés

	FR.	CENT.	
Demandes pour devenir sociétaire.	4	»	les deux cents
Demandes de prêts.	4	»	—
Billets à ordre pour prêts.	3	»	—
Billets à ordre pour emprunts.	3	»	—
Carnets d'épargne.	5	»	le cent
Reçus de dépôts à échéance.	3	»	les deux cents
Modèles de bilan.	3		

NOTA. — Diminution très sensible par plus grande quantité.

TABLE DES MATIÈRES

CHAPITRE III.

DEUXIÈME PARTIE

Les caisses agricoles à solidarité avec parts

TROISIÈME PARTIE

Les sociétés de crédit agricole d'après la loi du 5 novembre 1894

QUATRIÈME PARTIE

MODÈLES D'IMPRIMÉS

IMPRIMERIE COOPÉRATIVE MENTONNAISE

RUES PRATO ET ARDOINO

MENTON (Alpes-Maritimes)

—

1896

EXTRAIT DU CATALOGUE

I. — **[illegible] JOURS DANS LA HAUTE ITALIE** (*Crédit populaire — Épargne — Coopération*), par M. LÉON SAY. — 2e édition. — Précédée d'une lettre de l'auteur et d'une réponse de M. EUGÈNE ROSTAND. Un volume in-18. Prix . . . . 3 fr. 50

II. — **MANUEL DES BANQUES POPULAIRES**, par M. CHARLES RAYNERI, vice-président du Centre Fédératif du crédit populaire en France. Un volume grand in-4° . . . . 5 fr. »
vendu au profit du Centre Fédératif du Crédit populaire en France.

III. — **PREMIER CONGRÈS DES BANQUES POPULAIRES FRANÇAISES** (associations coopératives de crédit), tenu à Marseille du 2 au 5 mai 1889. (*Actes du Congrès*). Un vol. in-8°. Prix . . . . 3 fr. »

IV. — **TROISIÈME CONGRÈS DES BANQUES POPULAIRES FRANÇAISES** (associations coopératives de crédit), tenu à Bourges du 6 au 9 avril 1891. (*Actes du Congrès*). 1 vol. in-8°, prix . . . . 4 fr. 50

V. — **QUATRIÈME CONGRÈS DES BANQUES POPULAIRES FRANÇAISES** (associations coopératives de crédit) tenu à Lyon du 4 au 7 mai 1892. (*Actes du Congrès*). 1 volume in-8°, prix . . . . 4 fr. 50

VI. — **CINQUIÈME CONGRÈS DES BANQUES POPULAIRES FRANÇAISES** (associations coopératives de crédit) tenu à Toulouse du [illegible] au 8 avril 1893. (actes du Congrès) 1 vol. in-8°, prix . . . . 5 fr. »

VII. — **SIXIÈME CONGRÈS DU CRÉDIT POPULAIRE**, tenu à Bordeaux du [illegible] avril au 4 mai 1894. (*Actes du Congrès*). 1 vol. in-8°, prix . . . . . 5 fr. »

VIII. — **SEPTIÈME CONGRÈS DU CRÉDIT POPULAIRE** (associations coopératives de crédit) tenu à Nîmes du 12 au 16 mai 1896. (*Actes du Congrès*) 1 vol. in-8°, prix . . . . 5 fr. »

IX. — **L'ACTION SOCIALE PAR L'INITIATIVE PRIVÉE**, avec des documents pour servir à l'organisation d'institutions populaires et des plans d'habitations ouvrières, par M. EUGÈNE ROSTAND, lauréat de l'Académie française et de l'Académie des sciences morales et politiques, 1 vol. grand in-8° . . . . 15 fr. »

X. — **UNE VISITE A QUELQUES INSTITUTIONS DE PRÉVOYANCE EN ITALIE**, par le même, 1 vol. in-8°, Prix . . . . 5 fr. »

XI. — **LA RÉFORME DES CAISSES D'ÉPARGNE FRANÇAISES**, par le même, 1 vol. in-8. Prix . . . . [illegible] fr. »

XII. — **LA CAISSE NATIONALE DE PRÉVOYANCE OUVRIÈRE ET L'INTERVENTION DE L'ÉTAT**, historique, définition et avantages du principe mutuel. Critique du projet de la Commission du travail (Rapport [illegible] GUIEYSSE) et exposé d'un projet nouveau sans charges pour le [illegible], par M. EUGÈNE ROCHETIN, membre de la Société d'économie politique [illegible] la Société de statistique de Paris. 1 vol. in-18. Prix . . . . 3 fr. 50

XIII. — **[illegible] ASSURANCES OUVRIÈRES**. *Mutualités contre la maladie, l'incendie [illegible]*, par M. EUGÈNE ROCHETIN, 1 vol. in-18, Prix . . . . . 3 fr. 50

XIV. — **[illegible] DU CRÉDIT POPULAIRE — REVUE MENSUELLE** [illegible] *populaires — Caisses agricoles — Syndicats agricoles — Caisses* [illegible] publiée par le Centre Fédératif du crédit populaire, sous la [illegible] M. CHARLES RAYNERI. — Abonnement par an . . . . . 8 fr. »

[illegible]IMPRIMERIE COOPÉRATIVE MENTONNAISE, RUES PRATO ET [illegible]DOINO[illegible]

www.ingramcontent.com/pod-product-compliance
Ingram Content Group UK Ltd.
Pitfield, Milton Keynes, MK11 3LW, UK
UKHW020338230726
13925UKWH00003B/865

9 782014 082654